本书由黑龙江省精品图书出版工程资助

走进鸟的世界

——青少年生态文学科普读本

周岳峰◎著

黑龙江教育出版社

图书在版编目（ＣＩＰ）数据

走进鸟的世界：青少年生态文学科普读本 / 周岳峰
著. -- 哈尔滨：黑龙江教育出版社，2019.11
（2024.4重印）
ISBN 978-7-5709-0629-1

Ⅰ.①走… Ⅱ.①周… Ⅲ.①鸟类—普及读物 Ⅳ.
①Q959.7-49

中国版本图书馆CIP数据核字（2019）第082403号

走进鸟的世界——青少年生态文学科普读本

周岳峰　著

选题策划	张立新
责任编辑	杨嘉琪
封面设计	朱美杰
责任校对	唐彦伟
出版发行	黑龙江教育出版社
地　　址	哈尔滨市道里区群力第六大道1313号
印　　刷	三河市金兆印刷装订有限公司
开　　本	880毫米×1230毫米　1/16
印　　张	25.25
字　　数	480千
版　　次	2019年11月第1版
印　　次	2024年4月第2次印刷

书　　号　　ISBN 978-7-5709-0629-1　　定　价　　56.00元

黑龙江教育出版社网址：www.hljep.com.cn
如需订购图书，请与我社发行中心联系。联系电话：0451-82533087　82533097
如有印装质量问题，影响阅读，请与我公司联系调换。联系电话：18533602666
如发现盗版图书，请向我社举报。举报电话：0451-82533087

序

鸟儿，是大自然中最美的、会飞动的有声花朵，是人类最喜爱的物种之一。可谓人见人爱。

春天，是鸟类筑巢繁殖的季节。

春天，是人们最爱游玩的季节。

五月，北方春天的开始。被薄棉袄、厚棉裤包裹半年之久的身躯，渴望舒展。让枯褐色及生硬的水泥墙面塞满视野的眼球，等待绿色。

北方人，尤爱春天，撒开欢地涌向户外，游山玩水。

山野间，草丛中，道路旁，水塘边，屡见有人打鸟，偷卵，盗雏，毁巢，件件触目惊心，刺我心灵，催我拿起手中"武器"——相机为鸟类鸣不平。

为了观察、拍摄鸟类在大自然中的生活写真，退休后，我躲进山沟，租住农房10年，以帽儿山脚下的小山村为居住点，在方圆数十千米进行走访、调查、观察、拍摄，记录鸟类的生存状态。

为了能近距离观察拍摄到鸟的美姿神态，曾在树丛林间、苇塘、崖畔，不同的环境中，人迹罕至处的鸟儿生活场所，就地取材设立多处投食点，经常投食、送虫。数年如一，使其逐渐成为鸟类觅食、休闲、迁徙、补给的天然"驿站"。"驿站"旁，有多处随山就势挖筑搭建得与环境无二的隐蔽点。似狙击手般，巧妙伪装自己与相机。隐蔽到令采野菜的村妇、放牛人，近至两米，也难识本人的存在。

我还自制了折叠式隐蔽篷，为观察鸟类喂雏、教子提供了必要的偷窥保障。

曾在深山与狗熊擦肩，在荒壑与獐狍对视，在崖畔被鹰爪抓伤。

拍摄到，尚无文字记载的"胸具深色斑羽的雄性灰背鸫回巢喂雏"。是新亚种？是转基因？是污染所致？有待专家、学者研究考证。

　　还记录了鸟类的各种喂雏方法：有直接喂昆虫的，有直接喂小果仁的，有直接喂鱼的，也有以反刍的方式喂养雏鸟的，还有以嗉囊哺乳的。清理窝内雏鸟排泄物的方法，也各不相同：有叼屎扔掉的，有吞吃 1~3 日的，也有吞吃到雏鸟离巢的。

　　历经十几年的以山为伍，与鸟为友，我听懂了鸟的鸣意，了解了鸟的习性，走进了鸟的世界。通过潜心观察拍摄，我记录到了众多北方鸟类在大自然中的真实生活。

　　以数据与图片，记录 2004 年至 2016 年间，游走于山边、林缘、田野、草原、湿地等，见到了因自然环境变化，对鸟类生存、繁衍、迁徙等方面的影响。

　　写此书，意在与大家携起手来，共同关爱环境，保护鸟类。

　　如诗所叙："春来啼鸟伴，相逐百花中。栖处迷深绿，飞时带浅红。只惜香沾羽，非关娇惹风。回看意不尽，犹自恋芳丛。"（《鸟散余花落》明·皇甫汸）

　　鸟儿没了，人类生存也难！

　　本书以日记形式，依据我在自然环境中遇到的鸟类先后为序，讲述鸟的故事。故，在 2006 年日记中写的鸟，掺有其他不同年代观察、拍摄到的该鸟纪实。

　　每一种鸟的介绍，都是经过数年的观察、记录、整理，集于一处写成，并非一两次观察、拍摄的偶见。

　　本书讲述的故事全部是如实记录。

2019 年 5 月 16 日

目录

2002 · 05 · 06

春到帽儿山

　　帽儿山，是距离黑龙江省哈尔滨市区较近，生态环境较好的山林。

　　每到初春，我都想进山入林，体味春天，感悟自然，让春风与野草的芬芳洗去那在都市染尘的心房。

　　5月上旬的帽儿山，迸发出春的生机，各种植物纷纷吐绿，争相作秀。河边之柳最先发出春的信息，那毛茸茸的"树狗"（满语称柳树初芽为毛毛狗）在阳光下闪闪发光，分外耀眼。摇动的枝梢向游人频频招手，好像在说，看我的春裳多么靓丽。素有林中少女美称的小白桦树，吐出鲜嫩小叶，衬在那威武而高耸，着一身翠绿的松林间，煞是显眼。令人难以置信的是秋天以黄叶、白干炫耀自己的白桦树，春天初吐的嫩叶，却呈现出朱红色，犹如少女绯红的脸蛋，在春风中摇曳，让人心荡神驰。

云隐山形村庄小

小围子——帽儿山脚下的最小的山村，小村真小，不足 17 户人家。村边 20 多米宽的阿什河水，缓缓流淌着，常年淹没着进出村的唯一通道。春、秋旱季车辆与牲畜可从水中的隐形的石子路面通过。

在这条河水中的隐形石子路旁，还有座小木桥。桥面，宽不足 5 米，由数百棵碗口粗的松木杆排列铺成。桥墩，是用粗树杆垒扎成框，内填石块堆积成墩状。

人、车（人力车）行在桥上，都会发出"嘎啦、嘎啦"的响声，透着原生态的古朴气息。

走在小木桥上，伴着"嘎啦、嘎啦"的松树杆地撞击声，看着桥下多变的流水，被春风拥着，心情格外舒畅。

小河边，青草地，柳树旁，一簇簇山花，像五

小桥木杆难负重，畜、车水中行

桥面松杆并排搭，学生赏景趁西霞

颜六色的花环，点缀着这新绿的河岸。精心选一块向阳坡的净地，仰身躺下，闭目细品这春意，这自然，这人生。阳光和煦，水流潺潺，河面上不时传来鸭戏声，柳林中几声鸟鸣，如诗云："江头烟柳拂稍低，无数新莺相唤啼。"（《江头闻莺》明·林应亮）春风摇动着小草，野花散发出醉人的清香。

让人怎能不陶醉，怎能不忘却都市的烦心。

帽儿山，这纯自然的原生态景观。从春到秋，每逢双休日，游人不断，学生不断。

夜幕降临，一轮皓月挂在空中，微风吹拂着，使人觉得浑身舒坦。学生们三五结伴来到河边点起簇簇篝火，鞭炮阵阵，音乐四起，舞者、歌者，随乐而动，围火而转，吵得晶莹剔透的河水在月光下闪着粼粼微波。

帽儿山的秋天，更加迷人。那天空，瓦蓝瓦蓝的，那山峦，五颜六色，甚是诱人。请看，那红叶虽无北京香山的多，却红得分外透彻；那白桦树叶在微风中闪着耀眼的黄光；那松树的秋装绿得青翠而深邃；那向阳坡的湿地又泛出鲜绿，嫩得胜过初春的小草；那高大魁梧的古槐换上了紫色的风衣，那叶紫得像装满夜光杯要外溢的葡萄酒，让人看一眼都醉。

躺在松软的落叶上，晒着秋阳，望着蓝天，赏云、阅叶，静听秋风、落叶，小河流水，闲看雁飞云中，想起古诗"惊风吹起塞鸿群，半拂平沙半入云。"（《赋得听边鸿》唐·白居易）

物我两忘，融入自然。

醉在，

青天、碧水、秋色、雁翔。

霜染秋叶红似火

滩涂树红固细沙

几日喂养后小孙女与"大嘴鸟"已成朋友

2004·05·10

大嘴鸟

　　大嘴鸟，是我小孙女对一只被救助的戴胜鸟的昵称。

　　我爱大自然，更爱春光。每逢初春，我都到山区、赏花、观柳、看鸟，呼吸新鲜空气。体味春天，感悟自然，与万物共享春光。

　　小孙女是我的掌上明珠，也是我的开心果。进山入林，玩春、看景，她当然想跟着，我也愿意领着她，想让她了解自然，读懂万物。

　　我牵着小孙女的手，来到帽儿山脚下那熟悉的小河边。躺在向阳坡的草地上，沐着春风，嗅着花香，伴着潺潺流水声，给小孙女讲那随口编来的动物故事："小山羊智斗大灰狼……"

　　忽听有人喊，"打中了！打中了！"随着"腾腾"的脚步声，跑过来两个学生，在不远的草丛里捉住一只大鸟。

咧嘴"咕咕咕"叫，原来是小孙女在用虫逗它

我凑过去看着鸟说："这是戴胜，专吃虫子，是益鸟，养不活！放了吧。"

"好不容易打的，不放！"

"大哥哥给我吧！"小孙女说。

"不行！留着傍晚点篝火时烤肉吃呢。"

"爷爷，我要……啊……好爷爷。"小孙女恳求我想办法。

我和蔼地对那两个人说："给我看看好吗？"

接过鸟，用手掐着，轻声说："哪有肉啊？它的外号叫臭咕咕，肉也一定不好吃。卖给我们吧。"

他俩互相看了一眼说："20 元。"

小孙女赶紧拉着我衣襟嚷："爷爷，快拿钱。我要大嘴鸟（因其嘴长）！"

他俩接过钱走了。我查看着大嘴鸟，对小孙女说："翅膀没事，左胸脯肌肉被弹弓打了个大疙瘩，养几天就能好。"

我们到村口小卖店，找来纸盒箱子，四周剪几个小洞，把大嘴鸟放在里面。又到沟边暄土处，拔草、翻石头，把找到的蚯蚓分成三段，喂给大嘴鸟。然后，抱着纸箱急匆匆赶往客运站。车正要起动，我们赶紧登上汽车，饿着肚子往家赶。

回到家，放好纸箱，我骑上自行车直奔花鸟鱼市场，很快就买回面包虫。小孙女急不可待地抓几条扔给"大嘴鸟"，它毫不客气地吃着。

我把阳台腾出一半，安放大嘴鸟。小孙女向奶奶要来棉花，把纸箱盖儿去掉，在一角给大嘴鸟絮

戴胜，如戴花胜（花胜是古代妇女戴在头上的饰物）而得名

吃姿潇洒，动作大方

了个窝，想让它夜间睡在里面。

　　半夜，小孙女起来上过厕所，悄悄地溜向阳台，轻轻地推开门。一股冷气唰地扑来，她颤抖着，伸长脖子去看大嘴鸟。

　　刚看清大嘴鸟的位置。"亳冶……亳冶"（小孙女的乳名），伴着拖鞋声，她妈妈过来了……小孙女见事不好一猫腰躲过妈妈，"噌"地钻进我的屋里，才躲过妈妈的批评。

　　我摸着她冰凉的小腿，心疼地说："不穿衣服去阳台，冻感冒呢。"

　　"爷爷，爷爷，你听我说，大嘴鸟为什么不在窝里睡觉，却羽毛蓬松地趴在纸箱沿上？"

　　我边给她盖被子，边回答说："那正是鸟儿睡觉的姿势。羽毛蓬松能保温御寒。窝只是鸟儿生儿

小孙女说大嘴鸟可聪明了，无论把面包虫埋在哪里，它的长嘴往土里一插一插，很快就把虫子找出来，吃掉。可她还是爱把面包虫放在手心里喂，别看大嘴鸟的嘴长，啄虫儿时却很有分寸，每次都不让她感觉手疼。

大嘴鸟吃虫的姿势更潇洒，先用嘴尖钳住虫子，猛地向后一扬头，即刻张开大嘴，让虫子在空中画条弧线掉进喉咙里。

更有趣的是，当小孙女用虫子逗它时，它总是"怒发冲冠"地看着她，花冠羽一张一合甚是好看，嘴里发出"咕咕"声。好像在说，给我吧，给我吧。

时间长了，小孙女一伸手，它就飞到她的手臂上、肩上，有时还落在头上要虫儿吃呢。

大嘴鸟已能在阳台里趔着飞行了。我和小孙女商量说："再过几天，该把它送回帽儿山放飞了。"小孙女想再养几天。我严肃地说："时间再长，它将让你喂得失去在大自然中生存的本领了。"

双休日，我和小孙女带着装着大嘴鸟的纸箱，来到那条我们熟悉的小河边。在大嘴鸟被捉的地方，小孙女慢慢地扒开纸箱盖，大嘴鸟跳到纸箱沿上，往上一蹿，扇翅飞到就近的土块上，回头望了望我们，梳理几下羽毛，展翅飞向远方……

小孙女的眼泪情不自禁地流了出来。

她哽咽着喊："大——嘴——鸟——我爱你。"

真乃"惜养来来岁月深，笼开不见意沉吟。也知只在秋江上，明月芦花何处寻？"（《失鹭鹚》唐·李归唐）

放飞时并没急于逃走，落在土块上整羽、回头看，挥翅归自然

育女繁殖后代的地方。小鸟出飞后，就不再回窝了（候鸟）。"

为营造自然环境，我找来几块方形的塑料盘，装满湿土，植上青草，拼成一块草坪，让大嘴鸟在上面漫步、啄土、觅食。我还教小孙女把面包虫埋在草下湿土里，让大嘴鸟自己找吃，并告诉她这样喂，大嘴鸟不会失去野性。

2008 · 07 · 02

戴胜鸟

　　或许是因为我救助过戴胜鸟，或许是因为我与戴胜有缘，在日后的拍鸟生涯中，戴胜让我获过两次奖。让我免费去三亚采风、游玩，让我在"大赛"中荣登榜首，见诸报端。

　　戴胜——鸟有灵犀识我心。2008年7月2日，我应邀去"北极岛"游玩。岛主，是我挚友。岛位在大庆境内的杜尔伯特蒙古族自治县，那里是集湿地、草原、沙丘、苇塘、湖泊于一体的私家旅游景点。

　　我爱住在"古堡"里。晚饭后天黑前，登上古堡顶层，喝茶赏景；远观湖水映晚霞，近瞧，古堡下吊桥旁，双池水幽荷满塘。野鸭啄荷梗，水鸟绕苇间。惬意间，一只"大蝴蝶"飘飘然落在池边的草亭上。细看，是戴胜鸟儿，口衔虫儿欲回巢。屏住呼吸，观察她奔向何方？花翅慢扇翔，弧形飘入苇丛中的枯树桩旁不见了。

《温馨》
此作品获黑龙江省老年网第二届摄影作品大赛一等奖

哇！去年秋，我为它在枯树洞里做的巢，它真的来了。

戴胜是以色列的国鸟。在我国也是一种颇有名气的鸟儿；古人称"戴鵀""戴鸼""戴南""织鸟""发伞头鸟""山咕咕""呼哱哱""山和尚""花蒲扇""花冠道士"等，东北人俗称"花和尚""臭姑鸪"。

描写戴胜的诗画也颇多，如："星点花冠道士衣，紫阳宫女化身飞，能传上界春消息，若到蓬山莫放归。"（《题戴胜》唐·贾岛）

这株枯树桩，是岛主设立的装饰物。去年秋，我来岛上，感觉此树洞口造型美，适合拍摄戴胜喂雏。树内洞空不见底，我找来硬泡沫，掰成适当的块，

塞入，约离洞口 40 厘米处，卡住压实当底。确保坚实后，捧上几捧沙土，撒上点枯草败叶。

没想到，今年戴胜还真的入住了，天色渐晚，明早勘察地形隐蔽拍摄。

清晨，偷偷观察那洞口，最多时三只小鸟同时探出头来，观光、晒阳。

经选择，只有靠北侧道旁、池边的松树可借助搭建隐蔽棚。选竹竿、木方，就地取材，割芦苇遮挡，隐蔽棚很快建好。进入架机拍摄，发现只能看见洞边，不见洞口。

到树洞前察看，雏鸟已接近亚成鸟，轻轻碰树，它们没有跑的意思。

吃过早饭，请岛主帮忙，4 个人耗时 20 多分钟，

树洞里的雏鸟已大，我们挖土转动树干并没逃飞　　　　　雌鸟叼垃圾扔往窝外，正赶上雄鸟啄虫归来

已出巢的幼鸟飞回洞口争虫吃

轻挖土，慢转树，终于把枯树干转动 15 度，使树洞口半对着拍摄点。收工时范岛主好奇地问我"你就念叨几句'别怕，我不伤害你'，那鸟就真的没逃飞。你这是啥咒语啊？"

鸟儿与我心有灵犀，它能感应到我的善意。说着话，已走到隐蔽棚旁，我钻进去准备拍摄。

连拍两个半天，都是多云不露太阳。朋友来了，只拍摄 1 个多小时，就赶上了云开日照，光线好。他的这组戴胜鸟片，在大庆市的摄影大赛中获一等奖。

这窝戴胜鸟对我也不薄，树洞口喂雏的画面，曾获"黑龙江省老年网第二届摄影作品大赛"一等奖。

2012 年 5 月 12 日，我站在"阿拉锦岛"（狗岛）废弃的石料堆上，观察周边鸟情。一只戴胜鸟，叼虫落到破工棚子的屋脊上。望远镜中，鸟飞入苇丛中的废弃油桶方向不见了。我迅速躲进就近的破工棚子里，隐蔽观察。

三只亚成鸟挤在洞口观光晒阳

原来这只戴胜把家安在一只废弃的旧油铁桶里，油桶的口小，戴胜出入很不方便。我顺手拾起一段"竹枝"插到桶口前为它落脚。

自此，我躲在废工棚内，坐在废弃的破沙发上，把窗户挡上迷彩布，镜头从窗框中缺失玻璃处探出去。在鸟不知不觉中，观察、拍摄雌鸟出入桶、雄鸟在桶外送食物的动作。让我最心酸的是，雌鸟每次外出方便，出得艰难，入得费劲。回巢，进入前都用喙啄铁桶圆孔的边缘，试图把"家门"修大些。

天气越来越热，破铁桶在阳光下逐日升温，我割些芦苇搭在铁桶上为其遮阳。工程不可大，过于突出，会引起游人好奇，鸟巢暴露，雏鸟定会被掏。

大树难找，以桶为巢，家门修难

因为，有些人过于"爱鸟"，遇鸟抓鸟，见蛋拿蛋，逢窝端走，有雏必捉。如果问其何意，回答非常干脆，一个字"玩"！

尽管我为其做了诸多努力，这窝小鸟还是没能熬过炎热，闷死于铁桶中。

狗岛的冬天，冰冻江封，为盗伐者提供了方便，大树年年减少。戴胜找不到可以筑巢的树洞，近几年已很难在岛上看到戴胜的身影了。

《最后的晚餐》拍的是在铁桶口前，雄鸟叼虫儿喂给雌鸟的瞬间，曾在2017年哈尔滨市环保局与新晚报、ZAKER哈尔滨、哈尔滨市摄影家协会联合举办，在3月末推出的"环保镜界"摄影大赛及展览主题活动中，获一等奖（奖金1000元）。

2015年6月5日我到××岛旧地重游，赶上拍鸟人正在拍摄戴胜巢中破壳不久的雏鸟，我蹭拍了几幅。他们向我请教拍摄戴胜雏鸟从洞口探头取食的奥秘。"没奥秘，两个字'隐蔽'！做到人能看见鸟，鸟看不见人。"我端着相机对他们说。雏鸟被送回了水泥块的窟窿里，说想过几天放在树洞里，拍摄洞口喂虫儿。

当我再次到来时，鸟笼中关着3只已近亚成鸟的戴胜，一人正在编铁网。我看着笼中戴胜和旁边竖着的树洞截段，与那人手中的网，一切全明白了。

编网人我认识。据他说，多人是用这法拍戴胜喂雏的，不然雏鸟早跑了。

我无言以对，支开自带的隐蔽篷，放在适当处，待他安排好了再来试拍戴胜喂雏。

数小时后，我回到现场，鸟去笼空，那截段木的树洞口钉着铁网。一切空空如也，戴胜雏鸟一定是全部安全地逃走了。隐蔽篷位置变动，或许有人拍摄，或许，没有或许。

戴胜的飞姿美，人人爱拍，为了拍摄到"飞版"的戴胜鸟，已经到了不择手段的地步。2017年6月25日，我应鸟友之约，开车去"五马沙坨"拍摄戴胜喂雏。车到时，已有10余门"长枪短炮"支在那树洞旁，离鸟巢最近的不足两米，200毫米镜头也拍鸟，曰"遥控"。难道机身与架子不干扰？更有甚者，为了拍摄，把下方的洞口堵死，迫使戴胜从上洞孔喂雏，不管幼小雏鸟的死活，一味要拍"飞版"。声称，戴胜已不怕人了。是不怕人吗？是你控制了它的家（巢位），挟持了人家的孩子（雏鸟），父母为了孩子，冒死回巢喂雏鸟。

岂不闻"群儿探雀雏，雀母悲且鸣。万物虽异性，爱子均一情"（《和应之檐雀》宋·张耒），众拍鸟人已不是"群儿"了，是"群叟"，是"群壮汉"！

不管怎样，我还是主张隐蔽拍摄，隐蔽得越融入周边环境越好。让鸟类处在自然状态下活动，才能观察、拍摄到鸟的真实动态。资料与照片才有价值。

据我对多窝戴胜的观察，雏鸟轻易不敢离巢，出巢后，父母很少再喂给食物，逼迫它们自立。亲鸟（雏鸟的父母）集中精力喂养巢内幼鸟，便于它尽快长大离巢。戴胜雌鸟从生第一枚卵开始孵化，守在巢中不出，等丈夫叼虫回巢喂它。因此，窝内

雏鸟破壳先后有别，大小不一。巢被掏动，被惊扰，雏鸟被吓，为了逃命它们才及早离巢。雏鸟爱赖在窝内不走，离巢后也有回巢现象。

2017年7月15日，我于哈尔滨太阳岛上观察到，雏鸟出巢自然，不慌不忙，抖羽、伸翅，慢慢离去。飞离数小时，甚至是第二天，又慢步钻入巢中等待亲鸟喂虫。

戴胜，春季迁来，出没于林缘田间地头，不甚

蹭拍的洞中雏鸟"黄嘴丫子"的位置是蜡质的白色

怕人，鸣声"呼——哮——哮——"，三声一度，单调而有节奏。戴胜雌鸟的尾脂腺能分泌出一种具有恶臭气味的褐色油液，故被称为"臭咕鸪"。其实，戴胜的鸟窝及鸟并不臭，雌鸟也很勤快，经常打扫窝内卫生，把成团的垃圾叼扔到洞外（有片为证）。

《最后的晚餐》获哈市"环保镜界"摄影赛一等奖

在自然的天地里

隐蔽到只露镜头，让戴胜处在自然状态下拍摄

人类之所以说她臭，可能是因为曾惊扰过它孵卵、育雏，嗅到过雌鸟的"回赠"——在戴胜孵卵期，如果你伸手入其窝，定会招上一手臭气数日洗不净。这是雌鸟保窝护崽的自卫本能，犹如黄鼠狼（黄鼬）一样，你不袭击它，没对它构成威胁，它不会主动放臭屁熏你。

那是它们的化学武器，存量有限，不到危及生命时它们舍不得使用。

戴胜，我拍摄过地面大树根部的洞、枯树洞、铁桶里、旧墙洞里的戴胜窝。都到过洞口"访问"看雏、观孵化，无一处逃飞。我爱护过它们，救助过它们，为它们做过窝。我相信鸟有灵犀能感应，人不害鸟儿，鸟儿不畏人。

图片故事

五马沙坨子，拍戴胜堵洞口

谁把下面的门给堵上了？

大清早就有"长枪短炮"对着，真吓人

亲爱的，从这喂孩子吧

我的小儿子挤上不来，咋办啊？

惊恐中的母子

人多堵家门，我绕路飞回巢

图片故事

巢位高离人远，树下人游鸟不惊

太阳岛上，戴胜幼鸟自然出巢

幼鸟出巢（洞）不惊慌

抖羽去尘身轻松

扇翅慢行登高处

抻翅回眸记住家，玩够还回来

一夜大风刮翻多处苍鹭巢

2005·05·18

英英

　　"英英"是一只受伤的小苍鹭。我小孙女叫它英英。

　　幼儿园粉刷墙壁，小孙女放假一周。她让我领出去玩，条件是不去山里，不入城。

　　去"北极岛"。进岛的第二天，一位朋友来请我去当地的"鹭岛"拍苍鹭。车小人多，孙女只能坐在我的怀里同去，其实，车大也得让她坐在我的怀里，她单独坐我不放心，也不便为她解答问题。

　　小车开进了大草原，在一条"狭窄"的荒草道上，沿着不清晰的车辙走着。两旁的花草擦车而过。小孙女想伸手摸抓，我赶紧抓住她的双手说："危险，草叶能把你的小手指拉掉！"

　　花、草同高，不！花比草高。野花一片又一片，像海浪一样涌着……涌着。最显眼的是那火红火红的山丹丹花，星星点点地洒落着，显得格外耀眼。

　　前方出现一片树林，那就是"鹭岛"。车停在树荫下，岛上很多大杨树，高高的树上有些苍鹭巢。好几处的巢侧翻着，枯枝败草散挂着。

　　树上，三三两两的灰色苍鹭，飞来飞去，"嘎——嘎——嘎"地叫着。

　　树下，草地上，成团的苍蝇，糊着碎蛋和死去的雏鸟。腐味熏得小孙女直呕，我赶紧把她抱起，上举，坐在我的肩头。

　　"谁干的坏事？"小孙女迫不及待地问。

　　"风！昨天夜里那场大风。"我扬着头，一边寻找可拍的巢，一边回答。

"英英"被救回北极岛，得到精心喂养

小孙女不愿让"英英"在"别墅"里圈着

小孙女坐得高看得远，指着一团灰色绒毛。

"爷爷快看！"

大杨树下，一只灰色的小苍鹭，伸长脖子趴在地上一动不动。只有胸前的羽毛一起一伏，表明它还活着。我拿起细看，"右腿摔伤了，还好，骨头没错位，能长好。它太虚弱，快脱水了。"

说着，急忙掰开小苍鹭的嘴，小孙女给它往里倒了几滴矿泉水。然后，装进塑料袋，敞着口，拎着匆匆奔回车上。

当地渔民看到说："养不活！前几天捡一只比这个大，会跑了，都没喂活。给它往嘴里塞小鱼，都被它甩吐出来。"

小孙女看着可怜的小苍鹭，在袋中一动不动，眼泪都要出来了。

"爷爷，能救活吗？"

"能！"

我说能，她心里有了底，脸上露出信任的微笑。

小孙女经常陪我到野外散心，也救过一些鸟，她知道我是有这方面经验的。

回到岛上，我急忙找来小盆，把从渔民那里要来的小鱼儿，抓一些放在盆里，一边往里面倒开水，一边对小孙女说："小苍鹭在树上的窝里，吃的是爸爸妈妈用嗉囊带回来的食物，属半消化了的鱼、虾。而渔民直接喂生鱼，小苍鹭不能消化，当然就喂不活了。"

小鱼儿被烫成八分熟，剁碎后，再团成半个元宵大的椭圆形。我掰开小苍鹭的大嘴，小孙女一连喂给它4~5团小鱼。我松开小苍鹭的嘴说："别喂了。"孙女诧异地望着我，我赶紧解释"小苍鹭长时间没进食，第一次喂多了，它会被撑死的。"

喂过鱼，小苍鹭依然趴着不动。我们坚持每隔一小时给它喂一次食。

傍晚时分，小苍鹭坐起来了。小孙女高兴地围着我又蹦又跳，吓得小苍鹭扭动脖子躲闪。

"英英"的伤腿基本痊愈

小孙女教"英英"学飞

小孙女找来干草，在大竹筐里给它絮了个又大又暖和的窝。怕夜间有黄鼠狼和野猫伤害它，把筐搬到我们住的屋里。

为了呼唤方便，小孙女为小苍鹭取名"英英"。

清晨，小孙女睁开眼睛就去看"英英"，它精神多了。弯着脖子蹲在窝里，瞪着眼睛环顾四周，机警地注视着她。窝边的稻草上，挂着它拉的白色粪便，小孙女伸手为它清理，却被它鸹了一口。虽然有点疼，她心里还是蛮高兴地喊着："爷爷，英英鸹我手。"

为了能让"英英"在户外生活，安全过夜，岛主买来铁丝网为它造了个大"别墅"。

住进"别墅"的第二天，"英英"就坚强地一瘸一拐地练习行走了，对来到网边拜访它的鸡、鸭、狗，统统以狠狠地一啄作为回敬。造访者无一不叫着逃得远远的，望着这位外来客。

小苍鹭在水边吃鱼瞬间

展翅向青天

耀眼的山丹丹花

沿途采黄花菜人众多

野花高于青草

尽管"别墅"空间很大，小孙女也能进去喂食，可她还是爱把"英英"带出来，在外面喂食，带它散步，教它学飞。

在我们的精心喂养下，"英英"康复得很快，也长大了许多，能自己啄吃水盆里的小鱼、小虾了。

"英英"能自己吃鱼了，也能短距离飞行了，小孙女也该回幼儿园上学了。

我们离开了"北极岛"。

半个月后，小孙女让我往"北极岛"打电话，询问"英英"的情况。

岛主说："两天前，英英就跟着几只在湖边找食的苍鹭飞走了。"

听到这个消息，小孙女心里美滋滋的，笑着说："英英，一定是被它的爸爸妈妈接走了。"

苍鹭长距离飞行时脖子向后缩

2015 · 04 · 06

苍鹭

　　小孙女心满意足啦，可我却为没拍摄到小苍鹭在湖边啄鱼、成年苍鹭的繁衍过程，而心有不甘。

　　怎奈妻子常年有病，我既不能远行又不可长时间去山野、湖畔，寻鹭守拍。

　　2014年3月初，妻子辞世，撇下我，人孤影单，意闷心伤。无聊至极，我便去动物园散心拍鸟。行近到"天鹅湖"，忽见池水西岸，在远山的衬托中，飘飘悠悠飞落一鸟。镜头拉近，小苍鹭！我顿时来了精神，端着机架，绕着湖边，一步步向它靠近。

水边常守候，俗称 "长脖老等"

刚生的卵色艳，蓝绿色，随着时间的推移，变成天蓝色、苍白色，雏鸟破壳。

不欢迎"串门客"

终于蹭到了拍摄距离，在一株大树干的遮掩下，我架稳相机。这是一只刚离巢的幼鹭，如同我们救助的"英英"刚会水边啄鱼一般。光线很好，就看小苍鹭的动作表现了。"转身，啄鱼，哎——再转转——好的。"我心里喊着，默默地与它沟通着，所有动作如愿入镜。只盼着有人从那边走过，惊它起飞，助我抓拍飞版。

想啥来啥，动物园的运料车由远而近，从小苍鹭尾后的岸边驶来。"嚓、嚓、嚓"连拍加点摄，飞姿入镜中。

小苍鹭的画面补齐了，成年苍鹭的私生活尚无着落。黑龙江境内有，多筑在高树上，无法拍摄。听说河北有适合拍摄的苍鹭巢，2015年4月6日，我坐火车直奔石家庄，当天到了"合河口"苍鹭的拍摄点。

哇！好壮观。一株大松树，诸多侧枝伸向四方，托举着众多鸟巢。清一色的苍鹭窝，有孵卵的、有刚生蛋的、有喂雏的。细心的我，一数42窝，窝窝有鸟。这株老松树，西、南、东，三面环山，从西向南、向东步步升高，由此形成了低角度、平视、俯视等不同机位拍摄苍鹭。听当地"鸟导"说，交尾期已过，只能拍叼草、孵卵、喂雏鸟的画面了。

回巢之鹭不空嘴

拍苍鹭在自然中的生活，拍不到"交尾"动作，总感觉不完美。我在拍摄中，祈盼着。还真有对苍鹭夫妻，像是为我专门表演似的，我刚调整好相机它俩就开始交尾了。

经2004年5月21日到牡丹江地区的"边安村"苍鹭岛，2005年5月中旬到大庆地区的"北极岛"附近的"苍鹭岛"，2017年4月20日—25日到辽宁的"曾家寨""白鹭村"观察、拍摄苍鹭的生活写真。我发现，苍鹭耐心极强，为捕鱼站立水边静等数十分钟不动，与景相映成趣。古诗云："杜若花香水满洲，柳风轻飚顶丝柔。"（《题鹭》明·徐溥）难怪当地人称它"长脖老等"。

苍鹭每年3月末迁来北方，4–6月繁殖，有用旧巢习惯，边修巢边生卵。雄鸟回巢，叼筑巢材棍，落到巢边，交给在巢的雌鸟絮窝。雄鸟在外选筑巢材料，多为新折现取，不叼陈枝腐杆。飞入家门不敢落偏位置，误落别家窝旁，定遭巢主攻击。

生卵期间，雄鸟爱站在巢边守候妻子，等待交配。卵生齐了(3~6枚,5枚居多)开始孵化。雄鸟离开巢位，站在对面较远的地方休息守望。

孵化期长达25天左右，雌雄鸟换班孵化。雌鸟

生卵期间雄鸟离巢少，立在巢边等交配

喂给雏鸟的，是由嗉囊带回来的反刍食物。雏鸟留巢一月有余，离巢时父母带幼鸟到水边、草丛，学啄鱼、吃蝗。两日后幼鸟（小苍鹭）就能独立觅食。

苍鹭羽色沉稳厚重，可作装饰品，已远销国外。它们起飞缓慢，动作优美，是湖边水域常见鸟类。有诗赞曰："潜踪独趁水边食，延颈忽向芦中鸣。"（《题九鹭图》明·萧镃）

为水域增添灵性，为自然景观带来活力。苍鹭虽爱吃鱼，却也吃鼠、蛙、昆虫等，未对渔业构成威胁，反倒是人类向自然索取过分，造成环境破坏，水域或干涸或变小，鱼儿渐少，对苍鹭生存构成威胁。此鸟已不多，必须保护。

叼材回巢交给妻子絮窝

作者在河北合河口拍摄苍鹭

2006·05·01

入住山村

今天，是我专为拍摄北方鸟类，进山居住的第一天。

趁"五一"长假，好友赵伟军主动开车为我运送生活用具，到帽儿山脚下的小山村——吕家围子安家。

小山村的环境，如诗云："清江一曲抱村流，长夏江村事事幽。自去自来堂上燕，相亲相近水中鸥。"（《江村》唐·杜甫）

吕家围子，我租住的农房，是观察鸟类、熟悉鸟情、拍摄鸟形的绝佳选址。门前行 100 余米即可上山，屋后八九米宽的菜园，有果树一棵，供鸟栖身，园外是缓缓流淌的阿什河水，水鸟济济。过了河，30~50 米即可入林。

住房后窗的菜园直通小河

屋前自建的"太阳能"浴棚

在门前漫步的小孙女

坐在院内，举目远山横黛，静听溪水淙淙，松涛阵阵。湿润的空气带着泽国的气味，山花的清香，令人心旷神怡。

我喜欢回归自然的感觉，今天，终于可以毫无束缚地、悠然自得地享受美好春光。任我行在青山秀水间，轻踏嫩草闻花香，静听野鸟树梢鸣，终成闲云野鹤人。

终于可以安下心来，潜心观察、研究，领悟鸟的行为，走进鸟的世界，拍摄鸟的生活。

自此开始了 10 年的返璞归真融山入野、蹚草、涉泽的观鸟、读鸟、喂鸟、护鸟、拍摄鸟的荒野生涯。

2006·05·06

玻璃窗

被小盆震醒的沼泽山雀

　　山村的民宅，都是坐北朝南，大玻璃窗，采光好，屋内明亮。我租住的农房也是如此，玻璃窗很大，入住后擦得更明更亮，分外透彻。坐在室内感觉与窗外的山林、云天，毫无隔挡。

　　正与新邻、好友海波喝茶、聊天，忽听窗上"嘭"的一声，什么东西撞到玻璃窗上了？

　　急步走到屋外，窗下地上躺着一只小鸟，腿在蹬动，我迅速拿起它，转身进屋。找来小盆（满语，搪瓷小盆）把小鸟放在桌上，扣在盆内，猛敲盆底，用盆底震动的声波，刺激它醒来（小时候在农村，小鸡、小鸭，误被我踩昏，妈妈就是用这法救它们）。

　　敲击数下，掀开小盆，鸟儿已翻身活过来了。这才看清，原来是只"沼泽山雀"。桌面平，它的脚蹬滑着，似坐、似伏地张嘴喘着气。

托在手上出屋放飞

第二次误撞玻璃窗

飞到高处，抓住水泥墙面，闭目缓神后飞入林中

伸手托起它，走向屋外放飞。可能是受惊过度，可能是初次近距离看人，也可能是我的眼镜与长脸，吓得它仓皇逃飞。又误把玻璃窗当蓝天，还好，距离近，飞无力，只和玻璃轻轻一吻，便抓住铁窗棂缓力、定神。

海波伸手去够，它再次逃飞，落在了窗边的更高处的水泥墙面上。脚爪抠住水泥颗粒，尾羽散开，保持身体在垂直墙面上的稳定。

似在墙面上将顺神经，恢复体力，环顾四周，数秒钟后飞向树林。

沼泽山雀飞走了，几分愧意涌上心头，悔不该把玻璃擦得那么干净。

海波看出我的心思，顺口说："鸟撞玻璃是常事，它运气好被你救了。"

日后走访中，证实了海波的说法。"山泉度假村"的更夫，指着窗下的翠鸟说："这么好看的鸟撞死白瞎了。"

村里的"二肥"拎只死鸟来问我："大爷，这是什么鸟？死在我家窗下了。"

小村里才几扇窗户，几片玻璃，还偶有误伤小鸟之事。城市里的高楼大厦，以玻璃面装饰墙体，可有人想过光的污染对鸟的伤害？

沼泽山雀

2006·05·08

沼泽山雀

　　沼泽山雀，是我进山入村居住，近距离观察拍摄到的第一种鸟儿。

　　海波（村民）常起早进山采野菜。我刚吃完早饭，他已背着一大袋子柳蒿芽回到家门了。我摆手向他打招呼。

　　他放下袋子，过来跟我说："95公里路标，前走100余米，右侧下到河滩。一棵大榆树上有个洞，'唧唧鬼子'（山雀）叼草进去了。"

　　我拱手谢过，转身回院，带上望远镜，骑轻便摩托车向目标驶去。

　　很顺利地找到了那棵大榆树，约离地面3米高，树干裂开一条细长缝隙，形成了洞。我绕树转了半天，也未见到鸟的身影。仔细察看，洞口似有磨损痕迹。我退到30米的安全距离外，躲到树后，坐

入洞雌鸟似在孵卵

在草丛中用望远镜观察。等了约20分钟，一只小鸟叼根草茎落在洞口，张望几眼钻进洞去。原来，这对小精灵就在附近的树上观察我的一举一动，见我离远了才敢回洞絮窝。

它是哪种山雀，一时无法辨别。怕过度惊扰影响它筑巢，我3~5天去一次，远距离用望远镜观察。

2006年5月21日，我将隐蔽篷支在可拍摄距离的树后。镜头对准洞口，正调焦测光，一只小鸟出现在洞口旁，"咔嚓咔嚓"速按两下快门，从入洞鸟的照片判断，她是雌鸟，已孵卵多日。孵卵的雌鸟很少出巢，这次碰上是巧合，是机缘，入洞后轻易不会再出巢。多等无益，想收机返回，相机入包，正欲出篷，忽听"哗啦"一声，从河边上来一人。拖泥带水地走到有鸟巢的大树根部坐下（唯一干爽处），脱靴倒水，磕泥。原来是过河时靴子进水了。水控干净，那人穿靴起身。感觉靴底泥沉，提腿扬足向树干踢磕，甩泥。这一举动着实吓了我一跳，想喊又不能喊，只有忍着、看着洞口。还好，外面这么折腾，洞内雌鸟并没逃出。

喂雏期亲鸟累得羽乱色淡

明知孵卵期，难见到洞口有鸟，可我还是 3~5 日去一次，想看究竟。6 月 10 日上午，拍摄到亲鸟叼虫，回巢入洞，也看清楚，并确认她是沼泽山雀。再多来，也拍摄不到它们巢中喂雏。成鸟个体，因孵卵、育雏、操劳得羽乱色淡，入镜难看。所以，放弃了拍摄，没再来打扰它们。

6 月 12 日早 4:30 到达观察位置（安全距离），18:30 撤回，做远距离全天候观察。经过两天连续观察发现，早晨 5:00–6:30，中午 11:30–13:00，下午 16:00–17:30，沼泽山雀喂雏次数最勤。其中有休息时间，最长 1 小时不回巢喂虫。一天约回巢喂雏 110~130 次。

沼泽山雀，是山雀中的一种，体型比麻雀稍小一点儿。村里人叫它"唧唧鬼子"、养鸟人称"红子"。它们头顶黑色，头侧白色，上体沙灰褐色，腹面灰白色。在黑龙江省，属于常见的留鸟。

秋季的雀鸟羽丰体健

向下看正侧脸，喙缝明显有白线

聪明的小鸟，爪喙并用撕虫吃

沼泽山雀，虽然常见却很难拍摄。鸟儿小，活泼、善动、爱叫、好飞。如诗云："并语声全碎，追飞羽忽低。"（《旌节亭瓦雀》明·陈宪章）9月20日去岭后"松岗"（详见《观察点》一文）赏秋拍鸟。沿途山雀"啾、啾"，举机鸟去，叶挡枝掩难拍清。到达观察点，无风松自静，天蓝云行慢。岗上布食"整景"完毕，我钻进隐蔽棚，架好机器静静等待。

棚内，野蒿味浓，清香、醒脑、提神；四周，秋虫协奏，鸣声悦耳。嗅蒿香，听虫鸣，静等中——或激动或无奈。

"吱、吱、吱"的虫鸣中，突然掺有两声"啾、啾"细弱的鸟声，有情况！竖耳听声源，瞪眼寻缝向外瞧。

一只灰色的小鸟，落在脑后的松枝上，正欲调相机，它又飞到前边来了。啄虫，飞到侧面的枯枝上，爪、喙并用地撕吃着。鸟小，只怕人，不怕物，我在棚内调换着机位，镜头撤回，探出，它全然不顾。哇！又来了一只。

两只沼泽山雀，在我设计的"松岗"上，跳枝、挥翅、飞去旋回地吃虫、鸣叫。落到近在咫尺的秋叶旁，冲我张嘴"啾、啾"。我虽听不懂，却也感觉到它们的自由欢快之情。

眼睛紧贴相机目镜，看着前方，镜头跟着鸟动，右手指点动着快门，"咔嚓、咔嚓——咔嚓"全神贯注地拍摄着。突然，棚后"哗啦"一响，搭棚的蒿草被扒倒一捆。一股凉风向背后袭来，感觉有一黑色庞然大物窜了上来。

脑袋"嗡——"的一声，突然想起村民说这一

秋叶间张嘴向我述情怀

带有熊。眼前一黑，身子一晃，相机抽回到棚内。

稍做镇静，揉眼细看，是有人爬上岗来，原来是村民采摘山核桃路过这里。虽是虚惊一场，但鸟儿却飞走了，只好收机，从另一方向回村。

沼泽山雀，与褐头山雀的形体羽色十分相似，非专业人员很难区分。其实有个诀窍，一眼就能区分开，沼泽山雀的上下嘴边缘有白线，褐头山雀则没有。

沼泽山雀嗜吃昆虫，近水的潮湿林木上昆虫较多，是沼泽山雀最爱去觅食的地方。故此，被称之为沼泽山雀。其实，它们并不在沼泽地里居住生活。

沼泽山雀在黑龙江属留鸟，严寒中它在哪儿过夜？好奇的我留心那巢，欲看究竟。12月25日，大雪封山。我以拍雪景、拜访村友为名，来到小山村。傍晚，喝酒聊天，饭毕6点，天已大黑。

我开着电动三轮车出门，轻松地找到那棵有沼泽山雀巢的老榆树。先用"纱窗网"罩住树洞口，防山雀逃出。夜色"雀蒙眼"无法回巢。我支好梯子，轻轻爬上去，用手电一照，啊！洞里还真的有鸟，不止一只。马上收光，慢慢下到地面，静等数分钟。巢内无反应，撤回纱窗网，开车回村睡觉。

经过多年观察，鸟类的巢，候鸟多数只是为了繁衍后代用，雏鸟离巢后不再回巢居住。枝间休息比固定巢窝更安全。北方的留鸟，冬季，大多数都回窝住宿，或找与窝相似的洞穴过夜。

展翅飞去又落回

2006·05·17

戏言

　　戏言，说者随口，未必深思，听者留意，细品在理。

　　今日，春美如诗："云淡风轻近午天，傍花随柳过前川。时人不识余心乐，将谓偷闲学少年。"（《春日偶成》宋·程颢）

　　天好心悦，斜挎相机，踱步过了小木桥，沿砂石路行百余步，忽闻"嘟嘟嘟……"的发动机声，从前方路侧的树下水沟处传来。遥见四五个人忙碌着，舞锹弄板地挖沟修渠，引水灌田。

　　临近认出，是本村的农民。信步向前打招呼，意在攀谈中了解我需要的山野常识。几句"农嗑"后，我们的关系近了。一位指着身边的小树问："这有鸟在抱窝，你照吗？"

　　顺着他指的方向，约离他们五六米远的小树杈间，一只红尾伯劳正在聚精会神地孵卵。

　　抽水机"嘟嘟嘟……"地，大声嚷唱着，颤抖着身躯，在那有伯劳巢的小树下的水沟里往外抽水，四五个人劳作在附近。那鸟儿，不飞、不动、不紧张。我不敢相信自己的眼睛，瞪目细看，是红尾伯劳在孵卵。

　　我急忙端起相机，镜头刚往那鸟儿的方向顺去，还没来得及对焦，鸟儿起身飞走了。

　　我的位置，离那棵小树足有十四五米远。干活的农民，近的离它不足5米，远的也超不过10米。

　　我正在纳闷，一位爱说话的农民，挂着锹把，笑着说："它看你眼生，欺生外来人。"

　　戏言脱口未深思，听者留心细琢磨。有道理。非常有道理！日后拍鸟必须牢记！借鉴，让鸟不"眼生"。

　　想到这，赶紧放下相机，到稍远一点的农民那，拿锹弄水，装作干活。此法真灵，转眼间那鸟儿已回巢孵卵。

　　经过一段时间的耐心努力——慢慢架相机——苫上迷彩服——只露镜头等过程。取得了伯劳的信任，拍到了第一张鸟儿孵卵的照片。

　　普普通通的农民，一句戏言，让我悟懂，尊重鸟的感受，取得鸟的信任，是拍摄野生鸟类生活写真的关键。想走进鸟的世界，需先领悟鸟的行为，化解鸟的眼生。

第一幅鸟类孵卵片，是悟懂农民"戏言"后拍摄成功的

2006·05·20

观察点

观察点，是我近几年多次来帽儿山，游春、赏景、拍鸟，精心挑选的四处环境各异、鸟儿常去的地方；准备逐渐营造成，适合隐蔽拍摄鸟儿的地点。我把它们分别命名为"苔石""崖畔""柳棱""松岗"。

苔石，在南沟塘里。帽儿山主峰的北坡，小村的南面。那里沟深石乱，溪水细流多变，荆棘横生，树木参差。村里人叫它南沟塘。"苔石"是一块长满厚厚青苔的独立巨石。石边，层层的腐叶，压得绕流的细水时有时无。神奇的是，上下午分别有一段时间，阳光能避开茂密的树叶，照到石上，让苔藓更鲜更旺。鸫、鹛等鸟类常来此翻食、饮水。

崖畔，在帽儿山主峰的西北坡，小村的西南方。村民们叫作"大姑娘崖"。因很久以前，有一位大姑娘殉情跳崖身亡而得名。那里的崖不算高，却多变，树林茂密，附近的村民忌讳它无人去那儿。我曾多次在那儿见到鸦类，蹲枝、坐崖。

柳棱，位于小村的北山坡旁的运材道边。多年封山禁伐，运材道无车行走，荒芜得只见蒿草不见辙。由公路、运材道、稻田埂，围成了一个不规则的柳条通（满语，由柳树丛杂乱生长形成的，密不可通的灌木荒地）。村民们说柳条通里蛇多，除了侍弄田地，无人愿往。

柳条通边沿的田埂与运材道间，有条凸起的土棱。柳枝间、稻穗中、土棱上，常有鸲、鸫、鹀、鹟莺寻食、嬉戏。我称这为"柳棱"。这儿是离家最近、最易隐蔽的观察点。

松岗，位于村北，由运材道过"柳棱"，往岭后（无人）去的岔道上，有一段凸起的横岗。离村约两千米远，草深林杂，趟草、攀树前行，需要一小时之久，才能到达岗上。松岗，被多种松林包裹着，周边地势起伏，落差很大。高处，伸手可及落叶松的树冠。低处，黑松林，枝密叶茂，遮天蔽日，视野受限，常有狗熊出没。松林，是鹰、鸦、山雀等鸟的乐园。

清晨，窗外细雨纷纷，山峦朦胧，步入庭院，颇有小雨润如酥的感觉。想起"戏言"的感悟，为了不让鸟儿对我眼生，为了取得鸟儿的信任。我带上各种食物及一应用具，向各观察点进发。

苔石，离家300余米，很快就到了。距离苔石20多步远的沟坡上，耸着两块大石，两石间不足1米，石高约80~90厘米。我试坐中间，虽不宽绰，尚可容身。在石的上方横上树枝，覆上蒿草、落叶，后面堵上一捆蒿草，再扯来些荆棘，绑住草捆，以杂草、枯叶塞严缝隙。就地取材，勒扎一扇草帘子，挡在前方。草帘子上抠个圆洞，隐蔽棚就算搭好了。

我走到苔石边，以鸟的眼神察看那隐蔽棚，棚形，像堆枯草依在石上，与环境吻合无二。棚内昏暗不可见物。

为了让鸟儿适应镜头的面对，我把啤酒瓶子底朝外，绑在草帘子的圆洞中。

为了吸引鸟儿到苔石上驻足，我往苔石面那厚密的苔藓上，并排撒上面包虫、红黏谷粒、苏子与麻籽。

质密的苔藓，为撒上的虫子及籽粒提供了保护；虫儿潜入藓中，种子融入苔的柱头，风刮不走吹不散。苔石，为能较长时间地以食物勾引鸟来，提供了得天独厚的条件。

布置妥当，只待他日鸟儿来。

背起行囊，步向其他观察点。

小雨，似有似无地淋着，山峦、树林，在烟雨中欲隐尚露地现着。脚步，不紧不慢地挪着，视野，忽远忽近地移着，尽情欣赏着，品味着，细雨中，变换多姿的春色。

到"柳棱"，去"松岗"，因地制宜的，如法炮制。无意中已觉太阳偏西，雨，何时停的，毫无察觉。

彩霞映天，临近黄昏，快走！山里的夜，降临得快捷而简单，只要太阳被山岭挡住，这边就会迅速暗淡无光，到处是岭、树、林的黑影，脚下深浅不知，无法识别方向。

我紧跑慢赶，回到了公路上，远山、近树、村庄，已成黑色剪影，错落有致地笼罩在天幕中。

山里的夜色降临得别样快

2006·06·05

老工地

几近中午，村民王朋扛着把锹路过我家，告诉我说："老工地的路边有窝小鸟。窝旁我插了根木棍，好找。"

老工地，村里人都知道。如今已稻田成片，耙田时还常挖出"红松明子"，足以说明当时的红松之高大与粗壮。

出村口右转约1500米，公路南边靠小河的那一带稻田就是老工地。由公路下去只有一条窄小的荒草道，轻而易举就找到了那窝小鸟。

是黄喉鹀的窝，5只雏鸟嗷嗷待哺。鸟爸爸，雄性黄喉鹀，见我蹲在它的窝旁，飞来扑去地赶我离开。

这处鸟巢的位置太不适宜了，在道的车辙边，一旦有农用四轮车经过，鸟窝注定被碾压。

雄鸟繁殖期鸣声悦耳动听

黄喉鸦每年繁殖两窝，首窝5枚卵居多

窝内的雏鸟长大离巢，至少还需要五六天时间。为了不影响它们的育儿速度，我起身，拔走做标记的木棍，快速离开，放弃拍摄。

第4天路过那里，特意去察看，只见车辙深深，鸟巢已荡然无存。

黄喉鸦，繁殖期遇人打扰并不远飞，鸟巢极易被人发现。卵、雏，被人拿，被蛇吞，被鹊吃，被鼬毁，是常有的事。它们成功地繁殖一窝雏鸟，实属不易。

所以，我对黄喉鸦孵卵、喂雏的拍摄非常谨慎。不适合拍摄的，易暴露巢位的，亲鸟脾气暴躁或胆小的一律不拍摄。

雏鸟 4 日龄前，窝上离不开亲鸟呵护。雄鸟回，雌鸟才外出

　　钻山入野与鸟为伍数载，遇到黄喉鹀的鸟巢几十处。几经观察，2011 年 5 月 23 日遇到的这处黄喉鹀巢，最适宜拍摄。

　　清晨，推开房门，悦耳的鹀鸣声，由南山坡传来，我寻声而去，信步前行，来到南坡的树丛间。一棵小松树的根部，突然飞出一只小鸟。

　　"啾、啾——啾"地叫着，雌性黄喉鹀，落在离我不足两米远的树枝上。它不逃飞，我也不动。视线向它起飞的树根搜看，碗状的鸟巢内有 1 枚卵，由松枝半掩着。

　　我明白了，它是刚生完卵，被我惊扰了。我不动，它也不离飞，为了尊重它（这是它的家），我

雄鸟勤快捉虫多

慢慢后退，用手拄的木棍（我上山有手持树棍的习惯）轻轻地把踩倒的草扶正，免得被他人发现脚印，顺此通行（山里没路，上山人爱踩着别人的脚印通行）。为了确保无人从它窝边经过，还在距离鸟巢约20米远的似道非道之处，横上粗大的枯树枝，挡住去往鸟巢的方向。

我第二次到它的巢旁，站在上次的位置，用眼瞭看，它不在，窝内已是4枚卵。我心中暗喜，庆幸它没有弃窝。正待弯腰、低头、凑近拍照，"啾—啾—啾"的鸟叫声，慢声细语地从树枝上传来。

原来它就在附近看着，幸亏我没有莽撞拍照，冒闯它家。我像上次一样，原地不动，友善地欣赏它，它轻声"啾—啾—啾"地自语着。

一两分钟的互视中，它平静地在树枝上，似蹦、似跳、似觅虫、似踱步，漫不经心地审视着我。为了给它留下好印象，我如法炮制上次退出的方法，精心扶正每棵被踩的蒿草。

6月9日，我第三次到它窝前，它伏在窝上不动声色地看着我。我轻挪步，慢移身，向我的右侧，它的窝前3米远的柳树靠近。柳荫下不到半平方米的无草地面，是上苍赐我的最佳拍摄点，观察站。

这儿没草，不易留下痕迹，我席地而坐，静观它伏窝身姿。"啾、啾——啾、啾"，不到半分钟，雄鸟叼着虫子回来了。雄鸟落在窝旁树枝上，看看不动的我，看看家中的妻子，犹豫了片刻，回到窝上喂雏鸟。雌鸟轻巧地跳上窝旁的树枝，隐入林中。雄鸟喂过雏，伏在窝上为子取暖、御敌。

雄鸟喂雏后，伏在窝上暖雏

因我在附近，雌鸟常空嘴回巢看孩子

几日接触，已取得鸟的信任

我的所为，雄鸟都历历在目，敢怒不敢言

雏鸟太小，（该是破壳第 2 天）不可长时间打扰，10 分钟后我撤出了它们的巢区。

2011 年 6 月 11 日，是个难忘的日子，是我在大自然中与纯野生鸟类零距离接触的日子。是这窝小鸟破壳的第四天，也是我想开机拍摄黄喉鹀亲鸟叼虫喂雏的日子。

9 点多（10 点左右光线好），我来到它的窝前。它伏在窝上纹丝不动，以信任的眼神与我打招呼。我慢慢下蹲，轻轻拨开挡视线的松枝，用线系好，

待到拍摄完毕，再为它恢复到原样。

它不动声色地伏在巢上，得寸进尺的我，索性伸手试着轻轻触摸它，它允许了，没躲闪，也没逃飞。

日后的拍摄中，我还曾把食指移到它前胸，推弄它前胸蓬羽察看窝中雏鸟，它也容忍了。更有趣的是，天突降小雨，我以牛蒡叶子为她们母子遮雨。它竟然溜出去，在小雨中漫步柳丛，放心地把窝中的孩子交给我照管。

雨过天晴，我赶紧把牛蒡叶子拿走，免得忘了，

我轻轻抚摸雏鸟

给它家造成灭顶之灾。

6月15日，早上4点我就起床，以同样的速度，不同样的心情，向那窝小鸟走去。

窝内的雏鸟已大，不需要它再伏在窝上取暖御寒。它蹲在窝边欣赏着"孩子"，憧憬着美好的明天。我的到来并没影响它的心境。我慢慢俯身蹲下，轻轻地抚摸它的后背，为它理毛，口中轻轻叨念："亲爱的朋友，我今天有事回城，明后两天，无法为你们拍摄出巢的场面了。向你告别，感谢你们一家子对我的信任。祝你们好运，祝孩子们顺利成长。"

几分钟的欣赏与抚摸式的告别，令我终生难忘。往回走的途中，心中有种与故友难舍难分、别后难见的感觉。

3日后，我从城里回来的第一件事，便是跑去看那窝黄喉鹀。

可惜已是鸟去巢空，看着那熟悉的巢，心里空落落的，酸溜溜的……

2008·04·10

黄喉鹀

　　黄喉鹀鸟儿爱家、护崽的行为，让见过的人感到震惊，让未见过的人难以置信。

　　黄喉鹀鸟虽小，胆量却很大。尤其是雄鸟，巢区有人闯入，它不会像灰背鹀的雄鸟那样，逃得无影无踪，而是在附近鸣叫，赶不速之客离开。

　　黄喉鹀，一种麻雀般大的小鸟，俗称"春暖"。

　　春天，候鸟中黄喉鹀雄鸟来北方最早，山岭里的野花，"冰凌花"开得最先。想引黄喉鹀与冰凌花合影，一直是我的心愿。2008 年 4 月 10 日，我来村里与房东商量租房事宜，借机在村里住下，去山边创造机会拍摄黄喉鹀与冰凌花的合影。

　　几经选择，终于发现一处冰凌花多，黄喉鹀爱去的地方。清晨，埋伏好相机（百微头、遥控拍）在选好的冰凌花下方，撒上面包虫，几番"遛、赶"

黄喉鹀就是不到机位处。好不容易鸟到位了，却钻在树枝下躲在腐叶后啄吃面包虫儿。两天都是如此，就是不上"杆"（应站的枝位）。第三天清晨，我再去努力。路过村口垃圾场，一块半截破镜子，晃了我的眼，让我想起去年夏天，曾拍摄到灰鹊鸰在汽车倒镜前照镜子。

　　我走过去晃动着破镜子，想把它从冻垃圾中拔出来，结果"哗啦"一声，全碎了。"你弄它干啥？"海波从村口路过，看到我的行为问。他弄清了我的用意，拉我去他家，取下墙上挂着的镜子，递给我说："拿去用吧。"

　　竖面镜子还真管用，遛到第二次，黄喉鹀终于站到了拍摄点上。"嚓—嚓—嚓"连拍数幅，只有这一幅比较满意。

山里冰凌花开得最早，黄喉鹀来得最先

雌鸟衔虫儿少，喂得细

春季繁殖期，雄鸟鸣声悦耳，常被捉入笼中饲养，以致影响它们繁衍后代。古诗云："百啭千声随意移，山花红紫树高低。始知锁向金笼听，不及林间自在啼。"（《画眉鸟》宋·欧阳修）

黄喉鹀每年繁殖一两窝；首窝，卵5~7枚（6枚居多），窝位多在地面草丛中；第2窝3~5枚卵（4枚居多），窝位离开地面10~60厘米不等（7月，雨水多）。

生卵期间，成鸟夜晚不在巢中休息，目的是让窝内的卵同时得到孵化，雏鸟破壳时间相近，便于喂养。

孵卵，本是雌鸟的事。可是雄鸟心想，咱是"爷们"不能啥事都靠"老娘们"干。孵卵又不是生蛋，必须雌性完成。也是怕妻子孵卵太累，所以，雄鸟争先恐后地替妻子伏在窝上。

为弄清楚我见到的雄鸟伏窝多、雌鸟伏窝少是否正确。

雌鸟怕挤压窝中雏鸟，蹲"马步"站巢帮清理卫生

雏鸟 4 日龄前的排泄物，亲鸟全部吞吃

2008 年 5 月 10 日，天晴日朗，我吃过早饭，骑轻便摩托车，直奔"老爷岭"，去东北林业大学设在那儿的"帽儿山鸟类环志保护站"。向常教授请教，雄性黄喉鹀伏窝多于雌鸟的问题。常老先生，今年七十有五，身体硬朗，曾编著《东北鸟类图鉴》，一直坚持在第一线工作。常老先生语言不多，思维敏捷回答睿智："晚上雌鸟伏得多"。

为验证这一答案，我寻处筑在塔头墩子侧面的黄喉鹀鸟巢。这处鸟巢位置较高，沼泽地里除了塔头上长的草，其他杂草尚未长出（初春雨水少），适合观察。在鸟巢的安全距离外支起卧式帐篷，夜宿，看个究竟。篷高与塔头墩子上的草相差无几，不显眼，不易引起黄喉鹀紧张。

19 点，天渐渐暗淡，我钻入帐篷，趴在地上，双肘拄地，握着望远镜，目不转睛地注视着鸟巢直至黑暗。凌晨 2:40，天逐渐亮起来，至旭日东升，

"马步"护雏，既累又单调，时间长了犯困

窝上伏着的依然是雄性黄喉鹀。只是在5：00—6:15，雌鸟伏在窝上，换雄鸟外出觅食。

黄喉鹀，经过11~13个昼夜孵化，雏鸟才能破壳出来。刚破壳的小鸟身上无毛（晚成鸟），需要父母伏在窝上御寒。天热为雏鸟遮阳纳凉，调整窝帮空隙，通风降温，清理巢内卫生。

雏鸟3日龄前，巢上离不开亲鸟的呵护。亲鸟换班外出，寻找细嫩的无刺绿虫，喂养雏鸟。喂后

再用喙轻碰雏鸟小屁股，刺激孩子排泄。

雏鸟稍一欠屁股，亲鸟马上把嘴凑过去，叼住排泄物，吞入腹中。雏鸟3日龄前的排泄物，亲鸟（雌雄）全部吞食。到了第4日龄，雏鸟的排泄物有的被叼扔，有的被吞吃。5日龄后的排泄物，全部被叼走扔掉。

雏鸟到了4日龄，亲鸟可同时离巢外出寻虫，喂养孩子。雄鸟捕食啄虫特别勤快，两三分钟回巢

雄鸟一口衔多虫儿，足够每雏一条

入夜与亮天，伏在窝上的都是雄鸟。子夜是否换班，不得而知

一次，口衔六七条虫子，足够窝中孩子分用。

黄喉鹀的巢区，安全距离内环境稍有变化，如凸起物、隐蔽篷、架机拍摄等，都会引起雌雄鸟的不安。雌鸟无心觅虫，几分钟回巢一次，察看雏鸟的安全状况。数小时后雌鸟才敢回巢喂雏，4日龄前的雏鸟，如被干扰易被饿坏。

雌鸟每次只叼两三条虫子。它爱清洁，既要保持窝内洁净卫生，还得调整窝帮空隙，保证窝内通风良好。虽然捕虫不多，持家过日子也很辛苦。

雏鸟食量大，长得快，亲鸟每天回巢喂雏200多次。雏鸟到了8或9日龄，羽毛基本丰满，亲鸟于清晨引导雏鸟离巢，进入灌木丛隐蔽喂养。

黄喉鹀的鸟巢，只为繁衍后代，雏鸟离巢后，不再回巢。在灌木丛中，亲鸟逐渐教会它们捕虫、御敌等谋生本领。

据我观察估算，一对黄喉鹀哺育一窝雏鸟，所啄食虫子的重量是它们自身体重的30倍之多。

这是黄喉鹀的第二窝鸟巢，离开地面较高

雄鸟飞来扑去地赶人离开它们的巢区

雄鸟，以"爷们"自居，保家、育雏尽职尽责。

谁敢闯入巢区，他竖起黑黄相间的小冠羽，以怒发冲冠之势，飞来扑去，"啾、啾"地呐喊着赶你离开。

雄性黄喉鹀，是小鸟中的模范丈夫称职爹。

2006·06·17

疏忽

清晨，推开房门，蓝天白云，空气清新，鸟语声声，心情却因为小山斑鸠之死，而笼上了一层沮丧。

几天前的中午时分，海波从山上回来，见我在院内晒柴，从兜子里掏出只灰色的鸟儿，举在手里显摆："山鸽子，肉炒咸菜丝很好吃。晚饭过来尝鲜。"

我走过去细看，原来是一只山斑鸠的雏鸟儿。翅羽已长齐，接近亚成鸟了，再过十天八日的即可独立生活了。

"弄死，可惜了，养着吧。"我接在手中爱抚着说。

"有鸡、鸭，谁养它呀？你喜欢，拿去吧。"

我乐颠颠地托着小山斑鸠往家走，心里想着，养大了放归自然，能否像鸽子那样，回来看我。

小山斑鸠怯怯地伏在我为它做的窝里，暗灰色的羽毛上伏着几根金色弯曲如丝的绒毛，标示着它刚蜕换去幼羽，已具成鸟体态，振翅蓝天指日可待。

它的嘴还有点软，不会自己啄食吃。我把大米饭捏成花生米大的团，蘸水后，掰开嘴塞给它吃。每天喂四次，定时定量，头两天很正常，它也见长。中午我还把它放在院内小树枝上，让它舒展筋骨，活动翅膀，适应自然环境，为飞上蓝天做准备。

第三天，就是昨天上午，它突然拉稀，我问遍全村（17户）人，也没找到所需药物，我照常给它掰嘴塞食。今天早晨发现它死在窝中。

我把它安葬在房后菜园靠河边的一侧。本应该

中午我把小山斑鸠放在院内的树枝上舒展筋骨

很容易被喂活的小山斑鸠，却没喂活。事后反思，是我疏忽了它的习性。只看到它的个头大，接近亚成鸟，容易喂活，忘记了它是在亲鸟的口腔嗉囊里取食长大的。如果，在喂养的过程中，添加牛奶煮粥喂它，救助定能成功。因为我的一点疏忽，造成小山斑鸠的夭折，让我心痛，使我自责，激我更想探索山斑鸠的生活，寻求机遇为它们做点什么，弥补因疏忽造成的过失。

2006·06·18

放弃拍摄三次

松林远眺山斑鸠孵卵

天晴心自爽，吃过早饭，步入院中支起遮阳伞，与妻子到伞下茶桌旁小坐。南望帽儿山主峰，心中萌生起"采菊东篱下，悠然见南山"的感觉。

进屋背上一应用具，手提木杖，仿陶渊明，出院过篱，融入自然享受春天；去3~5日一查看的"观察点"，送饵料，分析鸟情；以闲暇之心，信步林间，走未经之路，寻未见之物，钻柳烟，听松涛，循查鸟的行踪路线及落脚环境。

这不，在去往"松岗"的绕行途中，有了新发现。

前方的小松树上，有只山斑鸠在窝上孵卵。激动的心，颤抖的手，端着相机，依树遮掩，缓缓向它靠近。

远距离，先来一张——"咔嚓咔嚓"。再向前靠，"它"起身"噗噗啦啦"地飞走了。怕影响它孵卵，我快步撤离它的巢区。

第二天，我带上自制的隐蔽帐篷，在距斑鸠巢30米外支篷隐蔽。为让那孵卵斑鸠慢慢适应，我数十分钟向前移动一米。约一小时，才移到昨天的拍摄点，再前移，"她"又飞走了。

山斑鸠孵卵期间，雌鸟想离巢外出觅食，由雄鸟替它孵卵。初春，天气尚凉，巢内的鸠卵无鸟伏暖，超过30分钟，卵内的胚胎会被凉死。因此，不能久等。我立即收起帐篷，走人。

这鸟儿，警惕性太高，对人不信任，对周边环境的变化特别敏感。想近距离拍摄是不可能了，我决定放弃拍摄，用望远镜观察。

两天后，星期六的中午时分，来了位小"影友"（一次在路边拍鸟，他搭讪说话所识，我称他"小商"）。说是借了个300毫米镜头，进山来找鸟试试镜头，顺便开车来看我。

孵卵之鸠，被惊扰，易弃巢

坐定后，他边喝茶边询问这一带鸟的种类，拍摄地点。意在让我午后陪他拍鸟，试镜头。

因尚不了解其人品，我随口推脱："午后有事，你自己转吧。"

晚饭时，他说在西沟边发现一处斑鸠巢。问我距离巢多远架相机，斑鸠不会飞走？

我告诉他，那窝山斑鸠，刚孵卵三天。你的300毫米镜头，拍它够不到。距离近了，山斑鸠会被惊飞。如果你守在那儿等它，时间长了，它会弃窝逃走。

你想拍它孵卵，得等半个月后，雏鸟破壳之际，或者破壳后，比较容易接近。

"啊。"他心不在焉地回应。

为了避免他去惊扰那窝山斑鸠，我主动约他明天上午去岭后拍大山雀。

第二天早晨，他突然来电话（住在村里），说昨天被"草爬子"（一种小昆虫，学名蜱虫，叮咬在人、畜皮肤上吸血，口器有倒齿，很难从皮肤上

深秋之雏亟待长大，不宜拍摄与干扰

取下来。蜱虫身上可能会携带病毒，给被叮咬者带来危害，严重时会危及生命）叮了，不想去岭后了。"

我心里清楚，他是在打那窝孵卵山斑鸠的主意。我为无法阻止他而烦心。

独自悻悻地向岭后进发……十点二十分，他打来电话："周叔啊，斑鸠多长时间回一次窝？"完了！那窝山斑鸠，毁在他的手上了。边想边回答："20分钟不回巢，蛋就被闪死（凉死）了。你在那半个多小时了吧？它不会回来了。（其实他已等一个多小时了）"

午后，我带望远镜去观察几次，均未发现巢上有鸠。直到上秋，那斑鸠窝，还在树枝上摆着，两枚卵在下方尚可隐约见到。如果"小商"懂得尊重鸟的感觉，如果，那斑鸠不被吓逃，两枚卵，早已化成小山斑鸠"咕、咕、咕"地叫着，串飞林间，为寂静的山野增添几分生机。

说到秋天，还真的又发现一窝适合拍摄的山斑鸠巢。9月5日，我到"柳棱"察看鸟情，中间去"运柴道"东边的树林中"方便"。无意间回眸，发现右前方的树枝上，有只山斑鸠在巢上，晃身、低头"咕、咕"地轻声鸣叫。两只雏斑鸠，在她身下清晰可见。

距离这么近，她不逃飞，还轻声安慰孩子。说明她是个胆大、温顺、爱崽如命的好妈妈。这可是拍摄山斑鸠与雏鸟在巢的最佳选择，千载难逢的好机会。

为不惊扰那窝斑鸠母子，我轻轻地，慢慢地退回到"柳棱"，钻入隐蔽棚中继续观察拍摄"棱上"之鸟，待到明天上午再来拍摄那窝山斑鸠。

9月6日，拍鸟心切的我，匆匆吃过早饭，8点钟，已到达拍摄地点。我端起相机瞄准鸠巢对焦，两只雏鸟正在展翅伸腰，活动筋骨。我轻按快门"嚓、嚓、嚓"，点开显示屏查看清晰度及曝光情况。

低头瞬间，微风扫面，稍有凉意，几片树叶飘落。

啊！我猛然醒悟，秋风，天凉了。这处山斑鸠的巢，是它们今年繁殖的第2窝雏鸟，如果不赶快把雏鸟喂养长大，两只小山斑鸠，将无法南行越冬。我在这儿架相机拍摄，肯定影响亲鸟回巢喂雏的次数，造成雏鸟成长缓慢。

必须放弃拍照！我毅然收起相机，转身回家。

我先后遇到三处山斑鸠的巢，三次放弃拍摄。目的只有一个，让它们顺利繁衍后代。我在以行动弥补以前没救活小斑鸠的过失。

我坚信，鸟是有性格的，日后，一定会遇到性格温顺的、胆子稍大些的、能够信任我的山斑鸠。在适当的时候，适当的地点，让我拍摄到它与雏鸟的温馨画面。

2006·07·06

山斑鸠

她看到我，翅羽一趐飞往沙丘后面去了

我的朋友，是一只山斑鸠。

不是养的宠物，而是一只纯纯的、真正生活在野外自然环境中的山斑鸠。

从 2006 年 7 月 6 日的小雨说起吧，那天的小雨淅淅沥沥地下了一天，傍晚，露出了霞光，我闲坐院中，品茶、赏山、望景。忽闻几声鸠鸣，伴着翅羽扇动的"唰、唰"声，一只山斑鸠落在家门口的电线上。我随手摸起桌上的相机，顺过镜头，"嚓、嚓、嚓"为它拍照留念。

触鸠生情，想起写雨后鸠飞的诗句："云阴解尽却残晖，屋上鸣鸠唤妇归。不见池塘烟雨里，鸳鸯相并湿红衣。"（《鸣鸠》宋·谢薖）

这只飞来家门口拜访的山斑鸠，算不上朋友，只能说是我入山后的初识。真正够朋友的，信任我的山斑鸠，是日后处成的一只"单身女鸠"。在这样的连雨天中，我曾为它送过食物，碰到它的尾羽也没逃飞。拍摄中，我还曾轻撩它的密羽，抚摸它的孩子，它也无反感。

那是在此之后的 2007 年 7 月 5 日，北极岛主约我去岛上度假、拍照，在岛上所遇到的山斑鸠。

北极岛的面积挺大，我好奇、爱动，想把岛上走遍，玩透。漫步在一岭荒草沙丘上，东张西望地走着……脚下一绊，一个趔趄，顺势坐在细沙如面、纤草似绒的荒坡上，品着风中的苇香，猜着林中的暗绿……

院门口飞落山斑鸠

孵卵之鸠

居高临下拍摄美

她发现凳子腿边有"外人"

突然，"哒—哒—哒"，翅羽划动气流声，由远而近。一只山斑鸠迎面飞来，看到我，轻盈一转，滑到沙丘后面去了。

我腾地站起来，奔向那斑鸠飞起的小榆树。在树的侧枝上有一盘状鸟巢，巢内一枚白色的卵，以手轻轻触之，尚有余温。原来，飞过去的，是一只刚刚生完卵的雌斑鸠（两枚卵开始孵化）。

说不清是我的趔趄惊动了它，还是它的飞羽声勾引了我，我俩就这样相识了。

一周后的傍晚，我第二次到它"家"拜访。她不在，可能是出外觅食去了（鸠早晚觅食）。那盘形巢，虽然搭得比较简陋，却格外干净利索。上面托着两枚乳白色的卵，犹如两颗硕大的珍珠，在夕阳中，晶莹剔透，泛着光泽。

为了不影响它回巢孵卵，我快速拍照，迅速选好下次"远程"拍摄点，再弯腰扶起被踩倒的苇草（免被他人发现），撤离它的巢区。

第三次拜访，大约是它孵卵的第 18 天（雏鸠破壳之际，亲鸟不忍离开）的一个上午。

我端着相机，慢慢向小榆树靠近……10 米、8 米、7 米，30 分钟后，到达上次选好的拍摄点（大约 6 米远处）。彼此已能看清对方的眼神。它头朝南，背略挺起伏在窝上，尾羽平直，左眼目不转睛地盯着我。

窝前有几片小树叶，换着班地为它遮掩身段。在叶的绿色幻影中，它似乎微微一动头，我心里清楚，这不是和我打招呼，而是欲飞的前兆。

巢简陋，是自筑，两枚卵开始孵化

我被吓得呆住，大气不敢喘，正眼不敢看，以余光观察它。我数秒的静止，使它平静如常，伏着不动，任我正目观瞧。为了让它适应，相机与镜头，我偶尔摆弄几下，但是，镜头始终不敢正对着它。黑咕隆咚的镜头，着实吓人，连人面对镜头都不自然，何况鸟乎。

尊重它的感觉，两分钟后我慢慢后退着离开。

自此，我每日三次（早8点、12点、下午3点）来看望它，每次5~7分钟，穿同一服装（迷彩服），走同一步伐，根据它的眼神，我逐渐向它靠近，有时一日数步，有时一日两步。

经过三天相处，赢得它的信任，凑到了它的窝前，使我可以在1.5米内，用微距镜头对它拍照。

有一次，我从岛北回来，途中路过"她家"，想顺便看看，图方便，直接从后面（北）进入她的领地。还没看清巢位，它已从前面（南）飞走了。

疑惑中，我悟出道理：鸟与人一样，对身后的防范，胜过对身前的所见；正面接触愿意，背后靠近需防。

窝中一只刚蜕胎毛、换上新羽的幼鸟，还有一枚完好如初的寡卵（未受精卵）。以卵判断，及她外出觅食时无鸠替它孵卵守家为据，这是一处单亲之巢——它更辛苦，也更爱自己的孩子。我为自己的不慎，从后面进入，惊飞它而感到自责。

刚破壳的雏鸟，离不开父母呵护

虽然，它允许我近距离拍照，机位也只是低角度，要拍到有光照的它，也不是一件容易的事。巢隐蔽于细枝茂叶中，光线窜着叶缝，时有时无。即使能照到窝位，也是风吹叶晃，转瞬即逝。

为得到最佳拍摄角度，我试着把椅子靠在它窝旁的杨树边，站上去，它同意了。好得寸进尺的我，感觉不够高，又在椅面上摞了个凳子，再站上去，它也同意了。

哇！美极了。火红的眸子，泛着金属光泽的项侧鳞羽，蓬羽下罩着幼鸟。

高角度，近距离，拍摄它——山斑鸠巢中卧姿。

遗憾的是，害羞的雏鸠，把头藏在妈妈的丰胸密羽下，拱动着，不肯露面。

为逗引雏鸠把头从它的胸羽中露出来，我以窝边细枝，轻撩它的胸前密羽，惹得小鸠频频啄鸽，它依然忍着不动，任我"调戏"。

我顺利地拍完它母子俩的巢中合影。目的达到，马上撤离，尽量缩短对它们的打扰。

回到岛上的大客厅内，在电脑上查看照片，同看的人无不称奇。岛主——老范，提议，捉回来养之。被我断然拒绝！理由是，不能出卖朋友！

淅沥沥的小雨下个不停，快吃午饭了，天空依然灰蒙蒙的没有晴意。我忽然想起伏在窝上的它，单身之母，为护雏鸟不被雨淋，怎肯离巢寻食找吃的。

我跑进厨房，要了一把玉米碴子，又抓把大米。找了块硬纸片托着，向它"家"走去。

怕惊飞它，我没有打伞，还是穿那身迷彩服，还是那个速度，从正面慢慢接近它。我把撒着粮食的硬纸片托送到它的窝边，它没有表情，也没有动作，静静地伏在雏鸟身上，护着孩子。任我摆放着那纸片，无意中碰到了它的"臀部"（尾羽根），它也没在意。

小雨不紧不慢地连降两天，我为它送食3次。

最后一次拍照，想要它的眼神光效果，早8点，我站在摞起的凳子上。镜头里，它有点不安，我顺着它的目光看去，凳子下有两只小狗在往上扒看（岛上的两只小宠物狗，不知何时偷偷跟了来）。

它引颈侧头，以右目瞪我，似乎在说："对你，我够容忍了，怎么折腾我都认了，可你不该带外人来！"

我刚读懂它的眼神，正待下凳子，带狗离开，它起身飞走了。

我也离开了北极岛。

每当看到山斑鸠，心中总会泛起那段"恋情"。

斑鸠，在我国也是小有名气的鸟儿，常见诸古诗、名画中。其中也不乏对鸠的误解，如："一世为巢拙，长年与鹊争。"（《鸠》宋·梅尧臣）

我在十几年的以鸠为友，相处与观察中，从没见过鸠敢与鹊争。鸠的巢是简陋，但足以承受母子3鸟的重量。巢，因简陋而小，便于隐蔽，是千万年进化的结晶。

鸠不敢与鹊（喜鹊）争巢，倒是鹊经常干扰鸠孵卵育雏。鹊一旦发现鸠巢，吃其卵、食其雏是常有的事。所以，鸠孵卵期间很少离巢。

2006·07·09

"棒槌鸟" 的传说

　　黄昏时分，坐在院中品茶，聊天。几声似 "wang-gang-ge" 的鸟鸣，从邻居李家的后院方向传来。房东大哥（80岁）兴奋地告诉我，这是棒槌鸟的叫声。你听，像不像在喊 "王—冈—哥"，听几声后，他又说，你再细听，最后一声像不像在叫 "李—姑"。

　　我细品那叫声，怎么也没听出 "王—冈—哥；李—姑" 的拟声来，倒是记清楚了这鸟的叫声特点。

　　他见我有些狐疑，喝了口茶，放下杯，继续说，这是 "棒槌鸟"，跟着它准能找到 "棒槌（人参）"。听老辈人说，很早很早以前，有一对小夫妻进山挖 "棒槌"，小伙子叫王冈，姑娘姓李。小伙不慎掉下山涧身亡，姑娘绕山涧寻找数日，不吃不喝化作此鸟。所以，它的叫声是 "王—冈—哥" 我是 "李—姑"。

立桩休息

透明的胶质膜包裹着眼球，开起方向与眼皮不同

　　"我年轻时，这儿人少，林子密。常听到这种鸟的叫声，顺着声音找了几次也没看清那鸟啥样。"老人说，"不是谁都有那财命的。"

　　那时候这一带俄罗斯人多，他们爱上山去玩，回来时"马达姆"（泛指妇女）手里攥着一大把"棒槌花"。我问清楚她们在哪儿采的，约几个小伙伴，上山转了3天，连个"棒槌"毛都没见着。没那财命啊。很久没听见这鸟的叫声了，今天听到了，你

兴许有那财命，你还认识鸟。

　　贪心的我，听得心里痒痒的，嘴里却回应着，大哥，所谓"棒槌鸟"，其实是一种小猫头鹰。

　　房东大哥坚信地说，不可能！即便像猫头鹰，你跟着它也能找到"棒槌"，那鸟儿专吃"棒槌籽"。

　　正聊得高兴，李家的小子跑来喊："周大爷，我家的板棚里有只夜猫子。"我起身随他去看究竟，刚一进院，就听院主人李四喊，"夜猫子进宅，无事不来，打死它。"

不怒自威

我赶紧说："老弟慢动手！这叫声是棒槌鸟，兴许给你家带来财运呢。"

"我不信。"他说着，愤愤地拿起铁锹奔向木棚。猫头鹰是不祥之鸟的传说由来已久。古人曰："白日在何处？每到夜黑来飞鸣。有时呼啸声愈厉，召号怪鬼征邪精。"（《鸮》明·郭登）

进得木板棚细看，果真是棒槌鸟——红角鸮。为救这只小型猫头鹰，我为它说了不少好话。李四才勉强同意暂时不对它下手，允许我对它拍照。

知趣的红角鸮，好像感觉到环境气氛对它不利，容我拍摄一会，起身飞往西南方向的林中去了。

首次近观猫头鹰，感觉挺好看的，受端详，两只眼睛在同一平面上，富有表情，形象卡通。

是猎奇，还是真的想跟随那鸟找到"棒槌"，自己也不清楚，反正是第二天一大早，我就带上一应用具，向"棒槌鸟"飞去的方向"大姑娘崖"进发了。

上午，崖畔背光，林密树高，阴森幽暗。我探头转脑地四处察看。突然，一个黑影悄无声息地从前方飘到别处去了。借树隐身慢慢靠近，是红角鸮。

它飞飞停停，似与我捉迷藏，林高叶密光线差，两千多元买的300变焦镜头与入门机身组合的相机派不上用场。我索性收起相机，悄悄跟踪观察，寻找"棒槌"。

望远镜中，它吃蚂蚱。理论上，猫头鹰的眼睛白天看不清东西？在实践中，在日后的观察接触中，长尾林鸮、雕鸮鸮、长耳鸮，白天看物体应该是比较清楚的。不然，白天林间飞行怎么没撞到树枝上，在袭击人时，又怎能专找露肉的地方和眼睛攻击。

尾随它大半天，裤子刮坏过，手拉出血过，脚陷入稀泥过，人跌入石缝过，也没见到"棒槌"的身影。它轻轻松松地飞回"大姑娘崖"崖畔的木桩上休息。

我精疲力尽地回家休整。

红角鸮，俗称猫头鹰、夜猫子、棒槌鸟。

鸮形目，鸱鸮科，角鸮属。现在鸟类书籍中称"东方角鸮"。

麻雀每年繁殖 1~3 窝

2006·07·19

麻雀

天热，人懒，我待在家里整理照片。午后，在自建的"太阳能浴亭"里冲过凉，坐在院中的遮阳伞下陪妻子聊天、喝茶。

身后有轻微的声响，似有东西从房檐掉下来，转瞬间，两只麻雀不知从哪窜了出来"叽喳叽喳"地翻飞，狂叫。妻子起身向窗下走去，从地面捡起一只麻雀崽子，托在手上，示意我把它送回窝去。

小麻雀是从屋檐下的"金腰燕"窝口掉下来的。这处金腰燕窝，已被这对麻雀夫妻占用两年了。

金腰燕的窝，似半个花瓶状，扣在铁房盖的檐下。肚大口小，窝内热，小麻雀到巢口透气，不慎掉下来。我搬来梯子，在妻子的帮助下把小麻雀送回巢中。两只麻雀停止了喊叫，恢复了平静，很快隐去身形不见了。

麻雀善用旧巢。初春，选材絮修内巢

夫妻闲聊

　　乘兴，整理多年来顺手拍摄的麻雀图片及相关记录。

　　麻雀，俗称家雀、家贼，古人称雀、嘉宾、宾雀。属雀形目，文鸟科中的鸟。看似极普通的、最常见的小鸟，却与人类的生活环境息息相关，是世界上最多的鸟类物种。

　　古人留有很多写雀之诗，"绣户朱廉见最频，暖来寒去但安身。翟公门下时飞入，全胜交情斗顿人。"（《雀》宋·李觏）

　　20世纪中叶，我国科学不发达，粮食产量低，秋季麻雀常啄食谷物，曾被定为"四害"（苍蝇、蚊子、老鼠、麻雀）之一。

　　我出生在农村，小的时候曾参加过村里（可能是县、乡）"剿麻雀"的统一行动；全村人到田间、地头、村口、树下、房前，打鼓、敲铜盆（没锣，洗脸用铜盆），哄吓麻雀，想不让麻雀落脚休息，起到累死它们的作用。

　　麻雀还是顽强地生存过来了。

麻雀爱洗沙浴，水浴极少见

抢占金腰燕巢繁衍后代

雏鸟离巢欲飞尚怕

妻子的手

在千万年与人为邻的进化中，适应在土墙与草苫房盖间，抽草啄土偎窝筑巢的麻雀，如今遇上了砖墙铁皮房盖。以前赖以生存的"茅草房"已荡然无存。

麻雀是留鸟，北方冬天寒冷，没有封闭式巢穴挡风遮雪，很难熬过严寒。秋季，燕子南迁，占用"金腰燕"的巢过冬是麻雀的聪明选择。

初春，金腰燕归来，一场争斗是难免的。强者赖着不走，弱者退出，另寻址筑巢。铁房盖的缝隙间，空调机的坐靠间，高楼的换气孔，各种洞、穴、孔，能筑巢的地方都被麻雀巧妙利用，依然形影不离地与人为邻，适应着人类的生活环境变化，利用着人类的生活资源，寻找生存空间，繁衍后代。

适应各种环境，谋取食物

捡拾山核桃碎渣喂养幼鸟

细看翅膀也漂亮

　　最让我佩服的是麻雀那随机应变辨别食物的本领。如果说谷物、昆虫，是进化基因或者是从群体中学来的。那么，我在院中砸核桃，遗留下的桃仁碎屑，它们又是怎么知道可吃的呢？还敢直接用来喂给孩子。

　　不仅如此，它们还会因地制宜，利用植物纤维、家禽羽毛等柔软物絮窝。即使占用"金腰燕"窝，它也要清旧絮新，重新修整内窝。

　　它们每年繁殖两三窝，一对麻雀夫妻，一个夏天需要捕捉上万条虫子喂养雏鸟。据我观察，麻雀在育雏期，每天凌晨4点多钟出巢

啄虫归来

寻食，晚上七八点钟才结束喂虫。喂雏期3~5分钟回巢1次，1天捉虫量200余条。雏鸟留巢15天，两窝共计30多天，需要6000多条虫子喂养雏鸟，还没算雏鸟离巢后的数日喂养及其他时间捕虫自食。

麻雀，有固定群体，活动范围约2千米。它们体小灵活，能在树上、树下、地面、草丛、垃圾场等各种环境中，寻找发现新的可食之物。

它们爱凑热闹，1个来都到，1个飞全走。傍晚时分，爱聚在树上唠嗑儿，互相讲述1天的见闻。

麻雀，是人类挥之不去，赶之不走的，适应人类生活环境最强的鸟类之一。它们冬季主要以草籽为食，秋季偶尔偷食谷物。总体看，利大于弊。早已被从"四害"中平反出来。

麻雀为人类的庭院、绿地、池边、小道、公路等经常活动的地方，增加活力，带来生机。人类离不开麻雀，少了麻雀，人类定会寂寞。

麻雀的眼皮很独特

傍晚爱集群聊天

2007·05·04

两片"枯叶"

雄鸟，头部羽色深暗

5月1日入住小村，炕铺好弄热能睡，炊具摆好能做饭。其他物品堆放随意。

急三火四地赶往"苔石""崖畔""柳棱""松岗"4处观察拍摄点。整理投食台，修整隐蔽棚，耗时两日才算弄好。

今儿个天好，室内尚未收拾完，心已飞往离家最近的"柳棱"。那儿小鸟多，蹲守准有收获。

游人登山在村南（五一放假）。"柳棱"位处村北，隔条公路离村虽近，却靠荒岭，在水田与柳丛之间。除村里人采野菜，偶有经过，游人很少涉足。

公路上有车辆往来，并不影响灌丛中、高树上小鸟"啾啾"蹦跳嬉戏。

来到"柳棱"往土棱上布食妥当，钻入隐蔽棚中，架好相机等待。

棚内新草鲜香袭人，醒脑提神。

静坐祈盼，有馋嘴的鸟儿，禁不住虫儿诱惑，早来啄吃当"模特"。想得美，能否有来者，不得而知。

静等中，镜头前的草缝间，"枯叶"一闪，飘落到"棱上"。

风动的"枯叶"？好奇地去看，镜头里一只小鸦。

哇！好可爱的鸟啊。色不艳，体态美，比麻雀稍小，动作轻盈，爱飞跳。

褐色的羽纹装点脑盖，棕色的眼珠，由一圈白睫羽衬，镶嵌在茶色的面颊前方，淡雅而有神。

雌鸟羽色淡雅

梭上就餐

惊吓逃飞

雄鸟！雄鸟也来了。头部的色彩比雌鸟浓重了些，面颊几近咖啡色。雌雄鸟同时出现，在喂雏期的鸟巢前，都是很少能遇见的情景，同来觅食就更难得了。

它俩，可能已在附近选址，开始筑巢，准备繁衍后代了。我定要常来为它们送虫，放食，跟踪观察……

伴着快门的"嚓、嚓"声，我正想入非非，突然，"嗖"的一声，一颗弹丸打在雌鸟的尾羽下方，树枝一颤，几片羽毛飘落。

两只小鹀"唰"地蹦起，展翅入林无踪影。

我钻出棚，看到棚后稻地田埂上，有两个年轻人。一人手里握着弹弓，另一人手里拎着三只死鸟；两只黄喉鹀，一只灰喜鹊。

我的突然出现，让他们一愣。

"谁让你们打鸟的！"我质问说。

"没——我。"拿弹弓的人语塞着回答，拿鸟的人把手背到身后。

想过去开导他们几句，刚一迈步，他俩转身跑了。真是歹人心虚，我也只好收工回家。

第二天早晨到来时，眼前的情景让我大吃一惊，放虫的土棱被踢出凹坑，隐蔽棚被烧成了灰烬。

重搭隐蔽棚，得等到盛夏，蒿草、树枝重长茂密之时。现在隐蔽处蒿草被烧尽，树枝已烤焦。

隐蔽棚无法搭建，不能拍摄。我依然有规律地来放虫儿，投食，坐在远处用望远镜观察，直至秋天也没发现一只小鹀。

鸟小，记忆强，受伤害之地不会再来，躲得越远越安全。

试想，如果这对小鹀不被弹弓打尾，不被火光惊吓……此处食物充足，蒿草茂密适宜它们隐蔽、谋生，那对小鹀定会……

2007·05·10

拾柴偶遇

自5月1日进村入住以来，才收拾妥当。今日天好，进山捡点干树枝当柴烧（睡火炕，每天需要烧温）。出院门百二十米，已到南山的小松林边缘。

"喳、喳、喳——喳"，急促的灰喜鹊鸣叫夹杂着伯劳的吼声，从前方传来。

我躲在树后观察，村里的一只大花猫，借助蒿草的掩护，向筑有多处灰喜鹊巢的小松林靠近。

灰喜鹊，喜欢三五对生活在同一片树林中。孵卵的、觅食的，不论谁发现敌情，都第一时间"喳、喳、喳"地鸣叫报警。

四五几只灰喜鹊飞向那猫，两只伯劳参与助战。利用空中优势，前面逗引，后面俯冲，还有"投弹"的，一直把大花猫逼出领地很远，才鸣锣收兵。

原来鸟儿也懂联手抗敌，保卫家园。

我的出现，也让灰喜鹊"喳、喳、喳"地叫了两声，见我拾柴劳作，对它们没有威胁，林中很快恢复了平静。

凌空悬飞驱逐入侵者

哨兵

2007·05·13

团结就是力量

　　灰喜鹊，俗称"长尾巴连子"，是山区林缘、公园及庭院中常见的鸟类。它为林园、池栏添景增趣，在人类常见的鸟类中，属于比较聪明的一种。有诗赞曰："山中只是惜珍禽，语不分明识尔心。若使解言天下事，燕台今筑几千金。"（《喜山鹊初归》其二 唐·司空图）。

　　自 10 号拾柴归来，一直被灰喜鹊的协作御敌精神感动着，欲拍它们孵卵喂雏，苦于没找到合适的巢位。

　　昨晚陪妻子散步，发现南沟塘边的小松树上，有一处灰喜鹊巢，正处喂雏期。巢位低，适合拍摄。

　　今天有云，天气不热，适合拍摄鸟类喂雏。带上隐蔽用的帐篷和 10 米长的快门线，向沟塘边的小松树进发。

灰喜鹊窝内一般只有 6-7 枚卵，这窝 9 枚卵比较少见

反刍式喂雏动作慢

敢正面俯冲袭击人

15 日龄的雏鸟开始练翅

雏鸟特别听话，父母离巢御敌，它们沉伏巢中不动。用手提拉雏鸟翅膀，它们也只是往下潜而已。

刚进入它的巢区，3~5只灰喜鹊叫着围攻上来。我在适当位置架好相机，去巢前整理影响拍摄的枝叶。这一举动，激怒了空中的灰喜鹊。七八只鸟，飞着、叫着、俯冲着。更有甚者，敢以身体撞击我的后脑勺。

我嘴里轻声地对窝中雏鸟抱歉说"对不起，打扰了"，手上忙着拨叶弄枝。只几秒钟，便离开了那巢，回到20多米远的隐蔽篷中藏身。

尽管我隐蔽得严严实实，灰喜鹊依然知道我的存在。鸣叫声逐渐减少，灰喜鹊也只剩下就近的几只。远来帮忙助阵的已飞回自己的巢区孵卵、喂雏去了。

我心中暗喜，以为这里的灰喜鹊容忍了我的存在。

突然，有两只灰喜鹊，轮番从后面撞击我的隐蔽篷。我怕袭击的鸟儿误撞到帐篷的铁橙上受伤，以左手向外推着帐篷布。招架之际，转头之间，发现前方的鸟巢有灰喜鹊回来喂雏了。

多睿智的鸟啊，用"声东击西"之计，转移我的视线。幸亏它们是反刍式喂食，动作慢，不然，早被它们骗过去了。

"嚓、嚓、嚓"，数声快门启动，拍摄结束。钻出帐篷，把巢边动过的枝叶恢复原样，扛起相机，拖着帐篷撤离它的巢区。

拍摄喂雏的全程不超过10分钟，短暂的打扰，不会给这窝灰喜鹊的育雏带来伤害。

巢翻瞬间，侥幸逃脱的小灰喜鹊，惊恐地站在树枝上

2007·05·15

不该发生的事

天空，阴不见云，太阳像个圆饼，朦胧着出现在空中。村里人说这是假阴天。

这种天气干啥都没劲，想随便到就近的林中转转，顺便看看南山坡小松林里的那几窝灰喜鹊。

刚到山边，就听到"喳、喳、喳、喳"的叫声，是灰喜鹊在声嘶力竭地喊叫。急步赶过去，两个迷彩服身影消失在前方的树丛中。

小松林里一片狼藉，灰喜鹊的巢有侧翻着的，有倒挂着的，卵黄撒在树干上，蛋壳落到草丛里。卵内已成形的雏鸟血淋淋地挂在树枝上。

有个高处的巢倾斜着，巢的上方有只雏鸟蹲在枝上，小爪子死死抓住树枝。它显然是刚从窝中逃出去的，身子还在瑟瑟地抖着。

那两个消失在树丛中的迷彩服身影，注定是凶手。他们是恶作剧？是闲着无聊？还是报复灰喜鹊？都不准确，如果有机会当面问他，他们准说"玩！"。

因为，类似的问题，我曾当面问过当事人。那是三年前，在村口小木桥上，一穿黑衣的女大学生，手里握着从山上采折来的杜鹃花。

她的回答就是一个字"玩！"。

那束杜鹃花，是这一带唯一能与人近距离接触的花丛。被她如数折走以后，人们再无法近距离观赏杜鹃花。

怎一个"玩"字了得？对国人来说，"玩"，失去多少青春年华？"玩"，毁灭了多少物种？我们的家园真的禁不起这样的"玩"法了。

鸟儿，如果被"玩"没了，人类也很难生存。

被捅翻的灰喜鹊巢

2007·05·17

有记性的鸟

上午，去"大姑娘崖"观察点查看。路过南山坡，想再看看小松林里的情况，刚到林边就受到"喳、喳、喳、喳"喊叫着的灰喜鹊攻击。我还没有进入它们的巢区呢，也没有恶意行为，怎么就遭攻击了呢？

纳闷中，恍然明白，我穿着迷彩服，它们误把我当成前几天捅窝的歹人了。

灰喜鹊有记性，这在后来的接触中也多次证实。东北林业大学"帽儿山鸟类环志保护站"的姚老先生曾说过，一只灰喜鹊被网粘住，会有其他灰喜鹊来救，于是网上粘住的不止一只。此后很长时间不会再粘到灰喜鹊，它们是有记性的。

自从南山坡小松林里的灰喜鹊巢被捅，两年内我没看到那片松林里有灰喜鹊来筑巢。

秋天，我在"柳棱"观察点隐蔽拍摄松鸦吃玉米，曾从望远镜中观察到，灰喜鹊把鸽下的玉米粒藏在玉米棒子叶的根部，把山丁子果拧下来，叼到粗大的树干上，藏在树皮缝隙里，以备寒冬时节，大雪封山、食物短缺时，找出充饥。

2007·05·18

雨天

　　昨夜小雨，一直淅淅沥沥下个不停。清晨，那雨还在不紧不慢地落着。我想起那处灌木丛中的灰喜鹊窝，已孵化14天，今天是雏鸟破壳的日子。

　　我曾想尽办法，也没拍摄到灰喜鹊伏窝。

　　今天，趁小雨，雏鸟破壳之际，亲鸟为了孩子不被雨淋，它轻易不敢离巢，兴许能拍到灰喜鹊伏巢画面。

　　我穿好迷彩服，蹬上靴子，顶着小雨朝目标进发。离那巢还有20多米远，就得钻灌木丛前行。

　　我半蹲、半猫腰地，一步一步向目标靠近。已能看清伏在窝上的灰喜鹊了，它正侧头用一只眼睛盯着我。如果不下雨，不是为了腹下即将出世的孩子，它早逃飞了。

　　它忍着、忍着，不危及生命它不想离开。

雨中孵卵的它

已独立飞翔的雏鸟

刚出壳的雏鸟身上无毛，需要亲鸟伏窝御寒

　　我怕惊飞它，缩着脖子，半蹲着，装着若无其事，像没看见它似的，停在那不动，想让它适应我的到来。

　　雨滴，凉丝丝地流入脖颈……互相对视着，彼此审视着对方的眼神，猜测着心理。

　　我轻轻地、慢慢地，一点一点地，小心翼翼地，用隐蔽篷包住自己，架稳相机。镜头里，那鸟用身体把窝护得严严的，恐惧的眼神死死地盯着镜头，湿漉漉的羽毛，在轻微地起伏着，仿佛能听到它因紧张而加快的心跳声。

　　我的心也提到了嗓子眼，快速对焦，按动快门"咔嚓咔嚓"。然后看也没看，慢慢收起器材，轻轻卷拢隐蔽篷，缓缓撤离小树林。

雨依然不紧不慢地下着。头有点晕，裹着隐蔽用的迷彩布，仰面躺在湿漉漉的草地上，深深地吸着气，缓解着头晕。心满意足地想着，总算拍到了灰喜鹊伏巢，还是在雨中。

午后，雨停了。

前几天，拍摄喂雏的那处灰喜鹊巢，小灰喜鹊昨天该离巢了。我得去看个究竟，边想边向那巢走去。巢前的情景让我惊呆了，一只小灰喜鹊倒挂着死去。近前细看，是出巢时一脚踩空，小爪子别在树的枝杈间没拔出来，倒挂至死。

窝内剩下一枚完好的寡蛋（未受精卵），窝形已从最初的碗状巢，被逐渐长大的雏鸟压成敞口式的大海碗状。原来，灰喜鹊的寡蛋，在窝内育雏期不被弄出巢外，直至雏鸟20天后离巢也不爆裂。这是一种很少见的现象。其他鸟类，会及时把窝内没孵出的寡卵弄出窝外，不然容易爆裂污染巢与雏鸟。

灰喜鹊，繁殖期主要以昆虫为食，尤其是敢啄吃松毛虫，对抑制松林害虫起到一定的作用。

寡蛋在巢内经雏鸟挤压20多天，完好如初

叼藏红果，备冬天食用

秋季，灰喜鹊偷吃山边玉米

往事不堪回首，灰喜鹊记忆强，受过伤害的地方，不再前往

2007·05·20

林中猫嚎

两天的小雨，今早放晴。

清晨，推开房门，云成块，天露蓝。去往南沟塘的道是砂石小路，相对好走些。

雨后初晴，心情好。盼着有奇迹出现，带够一应用具，早早去南沟塘的"苔石"观察点碰运气。

清理完苔石上的污物，重新布撒各种食物。整理隐蔽棚盖，清除坐处雨水。钻入棚中坐在带来的硬泡沫凳上，既软又隔潮。一切就绪，静等未知。

一个人的世界，寂静得很。隐蔽棚内，能坐不能躺，背后枯草腐味常袭，左右石凉带水痕，前方草帘遮掩，只许镜头探出，脚能动，伸腿难。草缝与镜头，是察看外界的唯一途径。听觉优于视觉，耳闻能预知多方位的远近信息。

沟塘内无风，万籁俱寂，时间稍长，犯困是自然的。朦胧中，似有猫来。"喵——"一声"猫叫"，把我从朦胧中惊醒。

有情况！我顿时来了精神，瞪大眼睛，贴着草帘缝向外察看。又是"喵——"的一声嚎叫，似猫"叫秧子"声，像是从前方树梢上传来。心里想着，手里顺着相机，镜头转向声源……

瞄准树梢，食指点在快门上准备对焦，一只黄鹂飞过来，"咔嚓咔嚓"快门启动，把那黄鹂鸟的飞姿，定格在空中。"高飞凭力致，巧啭任天姿"（唐·祖咏）描写的就是这种美姿吧。

成年黄鹂鸟，非常警觉，看到镜头，转身飞往别处去了。偶然的收获，让我愉悦，让我兴奋。它虽然飞走啦，我还是特开心。这只黄鹂鸟，肯定光顾过苔石，相信它日后还会来。

初遇黄鹂空中飞来

对环境极其敏感，稍有不对迅速逃飞

见好就收的我，钻出隐蔽棚，也是为了给黄鹂鸟腾出时间来此用餐。我恢复好隐蔽棚，收拾器材往家走。

黄鹂鸟的名气很大。在我国几乎家喻户晓，人人皆知。

诗圣杜甫的《绝句》"两个黄鹂鸣翠柳，一行白鹭上青天"国人没有不会背诵的。咿呀学语的孩子，上幼儿园之前，就能听过妈妈为他（她）朗诵的这两句诗。

此后，我又连着来了两次，潜伏在棚内，等它到苔石上近拍。它只露面一次，落在苔石旁的树枝上。斜眼瞭了几眼镜头，飞走啦。

我不敢再打扰，怕它对苔石失去兴趣，决定放弃拍摄。

走前，我在苔石旁插上柳枝，以备日后拍摄黄鹂鸟在柳枝间的动作，与杜甫的诗句相映成趣。

功夫不负有心人，9月25日，终于等来了一只黄鹂鸟。可能是只亚成鸟（独立生活，未完全成

串柳隐身形

亚成鸟涉世不深，没感知我的隐身，吃相被拍

熟的幼鸟），毕竟也是黄鹂啊。或许是年轻没经验，不知道"晕镜头"，小黄鹂在苔石上表演吃相，落到柳枝上梳理羽毛。

"映阶碧草自春色，隔叶黄鹂空好音。"（《蜀相》唐·杜甫）；"千门春静落红香，宛转莺声隐绿杨。"（《春莺曲》清·朱受新）都说黄鹂鸟的鸣声悦耳动听，音似黑管声。

可我第一次听到的黄鹂鸟叫声，却似"婴儿的啼哭"。那是 2006 年的 5 月 25 日，在西山坡"大姑娘崖"崖畔的松树林里。

上午，去那儿的观察点，必经崖下红松林。崖顶杂树映天，遮阳拦光。崖底松高枝密，林间幽深昏暗，偶有几束光透入，渲染得松林更加迷茫，瘆人。

"哇——嘎——"的一声，似婴儿突然号哭的尖叫，从森林的上空传来，甚是清晰、响亮，让人毛骨悚然。我下意识地靠向松树干，喘息着，摸着心跳。偷眼向松树梢上看，什么也没有发现。

我不信邪，也不信鬼，这突如其来的"儿啼"声，在这人不愿至的神秘森林中，到底还是挺瘆人的。

"啼声"从哪来的呢？顺势坐在树下查看究竟。

高大的树梢上，黄光一闪而过，却怎么也看不清楚形状。

难道是鸟儿？带着狐疑，离开松树林。

归途中串走在杂树野草间，顺着山坡向南沟塘走去。走出松林不远，在一棵小榆树的侧枝下有几片蛋壳吸引了我的眼球。浅粉色的蛋壳上有几处紫

柳间鸣翠

苔上啄虫，柳上就餐

卵毁巢被弃，多日雨淋，窝草膨胀形松

色斑点。

　　哪来的？从来没见过这样的卵，拾起来细看，寻找来源。榆树的侧枝上有个碗状的吊巢。啊！是黄鹂的鸟巢。

　　有诗云："仰听金衣语，偶窥莺妇巢。深穿乔木里，危挂弱枝稍。"（《翠樾亭前莺巢》宋·杨万里）

　　侧枝歪斜，有被拉拽的痕迹。这个有鸟巢的侧枝，人本够不到的，是有意用其他长物把侧枝的末梢钩下来，用力拽低，然后，突然松手，以树枝的反弹力，把鸟卵从窝里颠出来的。

　　这窝黄鹂的卵，对那人毫无用处，是"玩"？是有意祸害？不得而知。两只黄鹂鸟，躲到大松树上"哇—嘎"似婴儿的啼哭声，原来是"孩子"（卵）被害后的哀鸣。

食后梳羽

我拉长相机的三脚架，把树枝尽量向上推高，达到人无法够到的位置。希望那对黄鹂鸟夫妻，不计前嫌，回巢繁衍后代。

一周过去了，那窝荒芜着。我请来村民海波，帮我把树枝拉低，把蛋壳放入窝内，拍摄留念。

自上次拍到黄鹂幼鸟以后，随着游人的逐年增多，环境的人为化，南沟塘的苔石观察点，不！是

帽儿山这一带，再也没发现过黄鹂鸟的行踪。

近距离观察、拍摄黄鹂鸟取食浆果的行为，是数年后在五常市的郊区"鸟棚"里拍摄到的。2016年7月9日，我应朋友邀请，去指导他们拍摄"棚鸟"。

指导之余，拍摄到黄鹂鸟吃大樱桃的全过程。并以图片回答了养鸟老板关于黄鹂鸟误吃了大樱桃核能否中毒的疑惑（大樱桃核有毒，人不能吃）。

至于黄鹂鸟是怎么知道大樱桃核不能吃？无从查起。

黄鹂鸟先选准想吃的樱桃颗粒，飞过去咬住，然后，依自身的重量，把樱桃坠落下来；继而叼起樱桃飞落在粗树枝上，用力往树枝上磕甩，几下就把大樱桃核甩到果肉外边；接着，头向上向后一甩，果肉入嗉，以舌顶住果核，再把果核吐出。

黄鹂，属雀形目，黄鹂科各种的统称；古代诗、画中所表现的都是"黑枕黄鹂"一种。

本文介绍的也是黑枕黄鹂。

古人对黄鹂的称呼甚多，黄鸟、黄莺、莺、黄鸳、黄袍、黄伯劳、鹂、鹂鹠、离黄、金衣、长股、金衣公子等，20多种。

宋代皇帝赵佶，也深爱黄鹂，既有诗著也有画作留传于世。

"出谷传声美，迁乔立志高。故教桃竹映，不使近蓬蒿。"（《桃竹黄莺》宋·赵佶）

这足以说明，黄鹂在我国古代是常见鸟类。随着时代的变迁，人口的增多，环境的改变，如今，黄鹂已十分罕见。

成鸟机警难拍

图片故事

选准欲吃樱桃粒

黄鹂吃大樱桃

叼走选址用餐

落在粗树干上

以体重坠落樱桃

磕甩几下

扬脖后甩吃果肉

果肉入喉核外吐

吞吃果肉，舌顶核

吐核力猛站不稳

2007·05·24

闻声忆往

5点钟，天已大亮，去南沟塘"苔石"观测点。出院门南行三百余米，已到山边草地，刚上坡走几步。"diao—diao—di—di—"的鸟鸣声，从前方的树枝上传来。

"春来啼鸟伴，相逐百花中。"（《鸟散余花落》明·皇甫汸）好熟悉的鸟鸣声，似乎在哪听过，惬意间，突然引起深忆。

三道眉？是三道眉鸟的"哨声"！多么亲切的鸟鸣，50多年没听到了。举望远镜细看，真的是三道眉（学名三道眉草鹀）。怕打扰它，索性原地坐下，多欣赏一会。倚躺在草坪上，闭目细品那鸟的鸣声。

"diao—diao—di—di—"，把我带回到儿时的原野。我的家，在东北松花江畔双城市的一个小村庄。20世纪50年代，我的家乡并不美，低矮的草房，全村人同饮一口井水。没有电，过着日出而作、日落而息的靠天依地的生活。

童年，我在村里能听到的声音，除了人语，就是鸡啼、犬吠、马嘶、驴叫、牛哞、鸭嘎、鹅吼，还有猪哼与虫鸣之声。

最爱听的是鸟儿的哨声（满语鸟鸣称哨）。最喜欢的季节是春天；因为春天告别了寒冷，因为春天有鸟儿的哨声，因为春天有"穿花蛱蝶深深见，点水蜻蜓款款飞"（《曲江对酒》唐·杜甫），因为春天有"三道眉"鸟儿伴我开心。

七八岁的我，已从大哥那学会用扣网捉鸟喂养。

中午，村外水泡旁的柳树毛子（低矮的柳丛），是雄鸟斗唱的舞台。我拎着"扣网"（上方有拱形铁网的大夹子），捧一帽兜暄土，到水边安放好扣网，调整好"销子"上的虫位（让虫子往前爬动）。再在扣网的前方，插一根小树枝（引鸟落）。

猫腰绕到有鸟儿的树丛边，轻吹口哨，弯着腰慢慢把鸟遛（赶）到下扣网的树丛里。

转瞬即可听见"噗"的一声，扣网合上了。腾腾地跑过去，如果是雌鸟，掀开扣网放掉（雌鸟不会哨），重新把扣网下好，再去遛鸟。扣住的若是雄鸟，则蹦跳着跑回家，把鸟放到事先用秫秸扎好的笼子里喂养。

一晃，50多年过去了。今天在这儿，又听到了三道眉的"哨声"，觉得格外亲切。

为了弄清它的行踪，拍摄到它的美姿。翌晨5点，我再次来到这片草坪。那棵小树的枝头上，三道眉的"哨声"依然喋喋不休地传来。

春季，三道眉雄鸟善于鸣唱，鸣声清脆明亮

三道眉的卵斑纹独特

我环顾四周，想找个制高点，更清晰、更全面地观察它的所为。不远处有株大杨树，树身上钉着个彩弹射击场废弃的"吊斗"，离地面约有六七米高，我攀着歪斜、少磴的梯子爬了上去。

"吊斗"较小，站立有余，蹲坐不足。大杨树虽然粗壮挺拔，却禁不住风的推搡，不情愿地"哼—啊—呀—"地微晃着。"老吊斗"缺板少栏的，费力地支撑着我，像要随时都能散架子似的。

"吊斗"上视野开阔，百余米远尽收眼底，加上望远镜；树枝上的鸟儿，草丛中的鼬，清晰可见。

望远镜中，那枝上鸣叫的三道眉，突然不见了。正纳闷，忽见疏树稀枝间有两只鸟儿翩飞着。啊，我明白了，那只唱歌的雄性三道眉，找到对象了。它正与雌鸟儿"谈情说爱"，在那棵小树旁的蒿草中，进进出出。难道是在选址筑巢？

高空中，突然传来"叽叽喳喳"的群燕鸣叫声，回头望去，小村的上空有百余只燕子，在高空中飞着，驱逐一只雀鹰向这边飞来。两只三道眉见事不好，"唰"地钻进密密的灌木丛里，躲得无影无踪。

我乘机溜下"吊斗"，快步潜伏到那棵小树旁，以蒿草为掩护，趴在湿漉漉的草地上。虽然穿着迷彩服，披有迷彩网，还是拉来些杂草与枯树枝，覆盖在身上。把自己隐蔽得不露声色。

静伏不动，目光从草叶的缝隙间观察那对三道眉絮巢偎窝。

雌、雄鸟选好巢位，雌鸟在杂草根部的凹处，转身试看，雄鸟寻来几根蒿草，安放在巢位的最外沿。

我以为鸟絮窝应该用干草，没想到它们用的竟然是蔫草，而不是干草。所以，絮窝的材料并不好找。它们从窝的外沿絮起，雌鸟用嘴编掖，以身体顶压，絮巢以雌鸟为主，选材运料雄鸟干得较多。

日落西山，鸟归林，我才慢慢爬起身，摇晃着向家走去。

我怕惊扰三道眉，没敢再去潜伏观察。只是隔三岔五地，装作路过的行人，随意地瞟看几次，掌握三道眉的絮巢进程。絮外围巢型大约需要四五天时间，编絮窝的内衬，约需 2 天时间。靠雌鸟以胸脯偎压，用喙调整，编织细枝、柔草、鬃发、纤维等，使窝内结构紧密、光滑，一个稍有收口的杯状窝就絮成了。

巢筑好，雌鸟马上生卵，为了让孩子同时问世，生卵期间，它们不在巢中留宿。辛辛苦苦絮的爱巢，只是为了孵卵、育雏，繁衍后代。

不幸的是，这处鸟巢刚生够 4 枚卵，就被挖"婆婆丁"（蒲公英）的人，把鸟卵拿走了。

中午时分，去村中十字街口的小卖店买酱油。看到小顺子，拿着两枚鸟卵玩，我用眼一扫，便知是三道眉的卵（三道眉鸟蛋有线状斑纹）。寻问中得知，是他姥姥上午挖野菜"捡的"。

更惨的是 2008 年 6 月 1 日，也是这片草坪，有一处三道眉的鸟巢，小鸟破壳的第 6 天。上午，两台越野车强行（为防汽车驶入，坡下已挖沟）开上了这片草坪。支帐篷，架餐桌，铺防潮垫，甚是奢华。看似两家人，3 个孩子在草坪上蹦、跳、滚、

巢位隐蔽，雌雄鸟都参与孵化

爬，拔草、掐花，没敢靠近鸟巢。因为拦着的绳上，挂着"有蛇勿靠近！"的纸牌。

那是 30 号傍晚，我在距鸟巢约 10 米远的地方，用尼龙绳围了个圈，绳上隔三五米远挂一"有蛇勿靠近！"的纸板。

此法较灵，在大庆的"北极岛"曾成功地保护过一处大苇莺的鸟巢。这次也不错，昨天 31 号星期六，游人不少，没人敢越绳。

今天安营扎寨的，离那鸟巢太近了。孩子不敢过去，就看那几个喝酒的男女了。如果能熬过今天，这窝小鸟再过五六天就能飞走了。刚想到这，那光着膀子的大汉放下啤酒瓶子，几步跑到绳前，一跃而过，直奔那草丛中（发现亲鸟叼虫回巢），弯腰

三道眉亲鸟回巢喂雏，3天后成为遗像

拨开草，三道眉鸟从草中逃飞出来，他抓起鸟巢托在手上往回跑。

我急了，扔下望远镜，跑过去想救那窝小鸟。眼看着三个孩子分抢雏鸟，心都碎了。

没等我到近前，那大汉冲上来手臂一横，愤愤呵道："干啥？"

我上气不接下气地说："放——放回，那窝小鸟。"

"我看到的，关你什么事，走开！"吼声未落，他身后闪出一个女士。长发披肩，太阳镜推戴额上。嫩绿色的短袖衫，长衣角系在腰间，一副模特身材。她右手叉腰，左手一指，朱唇一咧，说道："看什么看？"

我解释说"观察那窝小鸟"，她不依不饶，顺手抢过身边孩子手中的雏鸟，使劲往我脚边一摔，"给你！"

面对这样的人群，我无言以对，只能转身悻悻地退下山坡，身后不时传来恶语。

懊恼中，庆幸提前两天为这窝小鸟拍下了喂虫照片。如今已成了它们的遗像。

那是5月30日，星期五，这窝小鸟破壳的第4天，一双亲鸟刚敢同时离巢（4日龄前窝上得有亲鸟御寒），为雏鸟找虫吃。此时的雏鸟很脆弱，本不该惊扰它们进行拍摄。

可是，今天如果不设法拍到它们喂雏，明后两天是双休日，又赶上儿童节，来游玩的人多，这窝小鸟被人祸害的可能性极大。

破例，寻找适合隐蔽点，拍！

只有草坡边小树下的水沟旁，适合卧式隐蔽(目标小）。

我斜趴着，双肘挂压在草地上，镜头从迷彩布的缝隙中探出去。左腿横过小水洼，斜蹬在沟边草缘，时间一长，腿自然落到水里。身上覆盖着杂草与小树枝，前方只露镜头。

尽管低角度隐蔽得很到位，行人距我两米远也无法发现。从鸟巢方向，只能看到一小堆杂草和外露的镜头。可那对三道眉鸟儿，还是知道我的存在。20分钟过去了，雌鸟才迂回到窝边，看了一眼镜头，把叼着的绿虫匆匆塞进雏鸟嘴里，转身离去。

你问我咋没按快门呀？怕快门声惊动雌鸟呗。别急，有了第一次喂雏，第二次很快就到了。

稍微凸起的草堆（隐蔽的我）没动无声，鸟儿没感觉到危险，于是，不到5分钟，又回巢喂雏了。我的隐蔽已被鸟儿认可，那鸟儿也放松了警惕，恢复到了正常喂雏状态。

三道眉5~7分钟回巢喂雏一次。雏鸟小，喂的全是又肥又嫩无刺的绿虫。

观察、拍摄一小时，已是眼酸，臂痛，腿麻木。趁亲鸟离巢找虫之际，我坐起身，除去隐蔽篷。搬动着不听使唤的左腿，一瘸一拐地走出百余步。坐在地上，处理吸在腿上的蚂蟥（水蛭）。

记不清听谁说的，用鞋底子抽打，打了两下，蚂蟥没掉下来，腿肚子倒是红肿了许多。想起电影《第一滴血》的主人公，是用刀刮去蚂蟥的。掏出刀……蚂蟥是刮去了，腿肚子也少了块皮。血不断地渗出来，并排贴上两块"创可贴"，在回家的三百多米路程中，换敷两次才算止住血。

哎，现在想起来，也值了，毕竟为那窝三道眉母子留下了珍贵的喂雏遗照。

水蛭

2007·06·15

二鸟戏蛇

蛇被我挑起移走

天气晴好，去"柳棱"整理土棱，投放食物，修整隐蔽棚。走到村口，正待上小木桥之际，忽见右侧的河边荒草地有两只鸟在草梢上翻飞鸣叫。叫声嘈杂，出什么事了？望远镜中，两只三道眉鸟在忽起忽落地飞叫着。

跑过去看个究竟，啊！一条蛇在草丛里蠕动前行。我拾起一段树枝，挑起那蛇，走到河边，用力把蛇甩向远方，落到河的下游水中，任它去吧。

那蛇，定是威胁到了三道眉鸟的安全，不然，鸟儿不会疯狂地干涉蛇的行动。我边想边往回走，到发现蛇的位置查看。两只飞叫的三道眉鸟，已不知了去向，我在附近逐草按棵搜寻。

转了两三圈才发现，一蓬枯草的根部，4只身上刚长绒毛的小鸟静伏于窝底不动。不仔细辨认，极难发现它们的存在。据窝中半裸的雏鸟推算，它们最多破壳四五天而已，听到父母的报警，伏在窝中不动，躲避灾难。

庆幸上天又一次赐给我拍摄三道眉鸟喂雏的机会。三道眉属于晚成鸟，雏鸟破壳时身上裸露无毛，1~4日龄需要亲鸟伏在巢上御寒防暑。雏鸟4日龄后，父母逐渐延长离开时间，共同外出为孩子觅食。7日龄前被干扰，会影响亲鸟回巢喂雏次数，直接危害雏鸟的成长速度。

三道眉的雏鸟，约在巢中喂养到13日，父母才引导孩子离巢。因此，雏鸟长到10日龄，是最佳拍摄时间。11~12龄的雏鸟，如果遇到危险，父母会叫喊着让它们提前离巢，四散逃飞。

我努力记住这鸟巢旁边的枯草特点，边撤离边环视周边环境，记住位置以备日后来拍摄它们喂雏。

难得的精彩瞬间，被来人给"精彩"了

2007·06·20

精彩瞬间

天晴，清晨五点，我第二次来到河边荒草地那处三道眉的窝边。机位离鸟巢稍远一点，角度稍高一点。这样可以减少拨动巢上影响拍照的草叶，减轻三道眉鸟喂雏时的恐惧心理。再拉上10米长的快门线，人躲在草丛里，亲鸟一定会很快回巢喂雏。争取在半小时之内完成拍摄，在村民活动之前撤离，方能确保这窝小鸟的安全。

安排得挺紧凑，想得也挺美，走到远处坐下观察。一对亲鸟叼虫儿回来，落在高高的电线上，看着架在那儿的相机发怵。

雏鸟 13 日龄开始离巢

为了解除鸟的紧张心情，我把快门线拉到极限，放挂在草上，再向后退 10 多米远，半蹲着观察。

雄鸟很快就落到离巢稍远的草地上。它是怕暴露窝位，用迂回的方法，在草丛中窜回到巢边喂雏。

雌鸟也在另一处落到草地。雄鸟很快飞起，可能是喂完虫，落在蒿秆上，观察一会儿，又外出觅食去了。

我猫着腰，一步一步向前靠近，终于蹭到快门线旁，坐在一米多高的蒿草中，忍着蚊虫叮咬，手握快门线等待三道眉鸟儿回来喂雏。

雄鸟和雌鸟同时叼着虫子，向窝边蹦跳。精彩即将出现，我屏住呼吸，聚精会神地注视着，等待雌雄双亲同时回巢喂雏。

"录景呐？"一名大汉从身后过来，看着架子上的相机问我。可遇不可求的精彩瞬间，就这样被他给"精彩了"。

我随声应付着，缠收着快门线，扛着带相机的架子往回走。他也跟到道边，向村里走去。那窝小鸟也安全了。

哎！三道眉鸟儿回巢喂雏的母子情又没拍到。

第二天，我又起早到达昨天的拍摄点，架好相机。还没来得及到窝前拨开影响拍摄的杂草，乌云也赶到了。"咔巴"一声雷，黄豆大的雨点，哗地从云中洒下……

巢区内有险情，亲鸟不安，飞跳不停

雄鸟在前方蹦跳着，鸣叫着引导孩子离巢

离巢后的雏鸟，躲在蒿草中隐蔽，比在巢中更安全

雄鸟机警，常落到高处观察巢区情况

三道眉鸟儿，不知从什么地方突然回到窝上，把孩子严严地护在翅下，生怕雨淋到雏鸟身上。

"万物虽异性，爱子均一情。"（《和应之檐雀》宋·张耒）

母子情深的感人场面，让我十分震撼。我不敢有大动作，生怕惊动它们，只得轻轻地抱住相机架子，稍稍提高一点，离开草的羁绊，向后退着离开。

当我第三次来拍这窝三道眉鸟儿时，雄鸟正站在高处的蒿秆上叫着。巢内已空，一只雏鸟在窝口上发愣。好像在想，这么温暖的家，为什么一定得离开？它的前方，三只小鸟跟着妈妈在草丛中，磕磕绊绊地向父亲呼唤处蹦蹿。

雏鸟离开鸟窝，会更安全。它们藏在蒿草中、树枝里，由父母继续喂养一段时间，同时教它们蹲枝技巧，过夜常识。小鸟在蹦跳中，认识可食物种，于学飞中，懂得躲避天敌。十几日后便能跟随父母在巢区内飞行与觅食。

三道眉鸟（三道眉草鹀），已极其稀少。自2008年6月1日南山坡那窝三道眉的雏鸟被害，我在帽儿山一带以鸟为友、与山为伍10年，再也没发现过三道眉鸟的踪影。

2007·05·28

晨曲

灰背鸫的卵有记载的是这种鸭蛋绿色，五枚卵开始孵化

　　五月，鸟儿春心萌动的季节。候鸟儿应春之邀，来北方繁衍后代。迁途中，多是雄性鸟儿先到达目的地，选好地盘，初定巢区，占据有利地形，高唱情歌，展示自己，吸引异性，寻求配偶。

　　为了讨好异性，鸟儿们在晨、昏之际，进行情歌大比拼：有细语柔情的"美声"之恋（莺、鸲）；有清脆嘹亮的"民歌"高唱（鸫、鹂）；也有粗犷、豪放的"原声之吼"（雉、鹃）。

　　每日，最先亮相的，应属灰背鸫鸟儿。

　　清晨，东方刚泛鱼肚白（三点钟），它已站在高树顶端的枝梢上，赫赫亮亮地唱过两三曲了。鸟儿用清脆的鸣声吸引异性，也唤人早起，催人奋进。

　　有诗为证："朝朝泊我高柳上，叫破一窗残月

只有远离巢位，用遥控法才能拍摄到灰背鸫孵卵（雄）

明。"(《百舌鸟》宋·文同)

我有晨练的习惯，住在山里，起得更早。健身的那块天然草坪，周边随坡就势地长着各种树木。

近日，那棵最高的老杨树顶端枝梢上，有一只小鸟儿（因远而显得小），以清脆的鸣声，迎接我的到来；用悦耳的情歌，伴我活动筋骨。望远镜中，清晰可辨，那是只灰背鸫雄鸟。

附近有两处灰背鸫的鸟巢。我以望远镜跟踪与隐蔽观察相结合的方法，记录它们的求偶、筑巢、孵卵、育雏等过程。

灰背鸫的雄鸟儿，只在求偶期间争鸣。一旦选定心上人，确定夫妻关系，便开始携手共建"新房"（巢）。它们先用细枝、长草（清晨枯草有露水，柔软可塑）搭建基础，再一口泥、一口草地从外向

孵化 14 天，雏鸟破壳，身上无毛属晚成鸟

清晨冷，雌鸟伏窝静等雄鸟捕虫归来

看孩子不易，热了拱，冷了伏，饿了叫……

护巢寂寞，打哈欠是常有的动作

内构筑成巢。经过六七天的艰苦劳作，内壁已用泥涂抹成碗状。

在等待巢内泥壁干燥的过程中，它们才沉下心来谈情说爱，在林间树下、腐叶上，蹦跳着，追逐着，嬉戏着，翻啄着枯叶，品尝着腐土败叶中的昆虫。

时而发出"叽—叽—叽—"的戏语声，搔头振翅，寻机交尾。故而，俗称"窜鸡"。

巢的泥壁达到 8 分干，约需两天时间。再用松针、细草铺垫内衬。当内衬铺垫好了便开始生卵。

卵呈鸭蛋绿色，布有大小不一的浅红与紫色斑块。生五枚卵（偶有不足五枚）后开始孵化。

雌、雄鸟轮换孵卵，极其警觉，人尚未发现鸟巢，鸫鸟早已离巢而去。因此，灰背鸫的鸟巢易见，灰背鸫的鸟形难看清楚。

为了拍摄到灰背鸫孵卵，我绞尽脑汁想办法；最终琢磨出，架相机，"盲拍"。

这不，今天起得早，没晨练，我直接把相机架在距离鸟巢两米远处，对机器稍加伪装，开启遥控，退出 30~40 米远。巡视周围动静（防人来丢机），5 分钟后，每隔三两分钟按一次快门。

半个小时过去了，取相机察看，拍摄到的是雄鸟孵卵。

高兴之余，想起另一窝灰背鸫的鸟巢，该是拍摄喂雏的日期了。

灰背鸫的雏鸟，也属晚成鸟，破壳时，身裸无毛，需要亲鸟伏在窝上为其取暖、遮阳。雏鸟到了4日龄，才能睁眼。

8~9日龄，是拍摄亲鸟喂雏的最佳时期，此时，雏鸟争食姿势嘴大脖长，也经得起干扰。约12日龄，亲鸟引导雏鸟离巢。

回家吃过早饭，去到那处鸟巢边，雏鸟向下沉伏窝底不动。我伸手拨动妨碍拍摄的枝叶，雏鸟依然纹丝不动。

撤到适当距离，支开全封闭的自制隐蔽篷，很顺利地拍摄到灰背鸫的喂雏过程。

3天后我再次来此拍摄，走到窝边查看，雏鸟已接近亚成鸟。它们还是纹丝不动地沉向窝底，没有逃跑的意思。

我躲进隐蔽篷观察、拍摄。

有了前几次接触，这对灰背鸫对我并不陌生，很快回巢喂雏。以前站在巢帮喂虫的动作，改为站在巢旁树枝上送虫姿势。如果我没判断错，应该是

雌鸟喂雏按顺序，该给谁就给谁，争抢没用

雄鸟机警，很难拍摄到它回巢喂雏

雄鸟回巢喂雏，谁能抢给谁，激励竞争意识

雏鸟留巢 12 天，排泄物（屎）全部被双亲吞吃

雏鸟很听话，虽已长大，遇危险父母不发话依然伏在窝内不动

开始引导雏鸟离巢的给虫方式。

我一心想拍摄到雏鸟离巢瞬间，全神贯注地观察着，无心回家吃中午饭，生怕错过机会或惊动它们离巢。

我用微信与妻子交换着情况（电话易惊动鸟）。

很快，妻子就把热乎乎的饭菜，送到了我的篷中。

这段路离家几百米远，其中有一二百米的小上坡草地。对我来说不算事，十分八分钟就到了。可是，对一个心、肺、血压都不正常的人来说，就不那么简单了。

雏鸟到了 10 日龄，亲鸟开始离开巢帮喂食，逗引雏鸟向巢外使劲

在妻子的支持与关心下，我拍摄到了灰背鸫雏鸟离巢的全过程，并获得了一些鲜为人知的数据。如灰背鸫父母吞食雏鸟在巢期间的全部排泄物；雏鸟索食无音，亲鸟教子无语；歌声嘹亮的雄鸟儿，婚后一语不发，默默地为家庭奉献着爱；精致坚固的灰背鸫巢，经历过孵卵育雏、风吹雨打、大雪填塞、雪融水渗等摧残，第二年春，窝型依然清晰可辨。

作者妻子

雏鸟到了 11、12 日龄，亲鸟"叽－叽——叽"地叫着鼓励孩子离巢。雏鸟儿伸翅展腰后飞离巢窝

雏鸟 4 日龄前，巢上离不开亲鸟呵护

这种浅粉色的鸫卵，未见文字记载。灰背鸫生卵双腿蹲在巢帮上，故而最后一枚卵摆放在四枚卵之上

2007·05·30

岭后遇险

岭后，经常有野猪、狗熊、狍子等野兽出没，人迹少，生态环境好，鸟类繁多。

清晨，推开房门，悦耳的鸫鸣声涌了进来。想起王维的诗："入春解作千般语，拂曙能先百鸟啼。万户千门应觉晓，建章何必听鸡鸣！"（《听百舌鸟》唐·王维）（鸫，古人称百舌。）

闻鸫啼，思鸫巢。岭后有一处，粉色卵的灰背鸫巢，今天该去拍摄喂雏场面了。

那处鸫巢，是村民海波采山野菜时发现的，回来后，专程领我去看过。离村有六七里路之遥。因为鸟卵是粉色（无文字记载），我才特别感兴趣。

按理说，在山里走六七里路，不算远。可那不能算路，连小道都称不上。这也没什么难的，难的是克服恐惧心理。

当地人，采野菜还得结伴而行。我这在城里生活惯了的人，却只能独自前往。走在无人的森林与旷野中，一阵风，几片树叶落下，都被吓得浑身毫毛直竖。

路也不算难走，是一条废弃很久的古老运材道，草不算高，没膝齐腰。一段沼泽地，约1千米长，水也不深，每走一步，都得先用脚把高草放倒，再踩在横倒的草上，水到脚踝。如果直接踏下去，能陷进去尺余深，棕红色的腐水，泛着气泡，没过小腿肚子。提膝拔出来的只是脚，不见鞋。

经过一个半小时的艰难跋涉，沿着上次留下的标记，终于找到了那窝粉色卵的灰背鸫鸟巢。

心里只想，人离鸟巢远一点，隐蔽得严一点，让亲鸟尽快回巢喂雏，免得影响雏鸟生长。离鸟巢约15米远，选一簇小灌木丛，做隐蔽拍摄点。

岭后有野兽，钻篷隐蔽拍摄心里紧张

打开全封闭式的隐蔽篷（自改户外帐篷），支起来，钻进去才意识到，这一代常有野兽出没。

不用隐蔽篷，那鸟儿肯定不敢回巢喂雏，甭说拍照，可能连成鸟的影子都见不到。时间长了，雏鸟也会被饿坏。

我四处察看一圈，没发现可疑。硬着头皮，再次钻进隐蔽篷里。

从篷里观察外边情况，眼镜（我戴眼镜）得凑近篷布前方，碗口大的遮有黑网的瞭望孔，周边一片迷茫，树叶晃动，只能直视前方鸟巢与相机。后悔没带剪刀来，多开几处瞭望口，便于观察到前后

它们与生"鸭蛋绿色卵"的灰背鸫一样，也吞吃雏鸟的排泄物。

雌鸟回巢喂雏

雄鸟顶前、胸上有明显的黑灰色纵羽，未见文字记载，首次拍摄到

左右多方位的情况。

坐在里面，手握快门线，眼睛直视前方，耳朵静听声音。仔细辨别风声、树声，千万别有兽足踩枯叶之声。

不知是过于紧张，还是篷内太热，早已汗流浃背的我，忽觉眼前鸟影一闪。

有戏！亲鸟回巢侦察了，屏住呼吸，凑近观察孔，目不转睛地盯着前方鸟窝，静待雏鸟反应。

四只雏鸟同时伸长脖子索食，亲鸟一定在雏鸟嘴的前方。我费尽心机，调换角度观察，怎么也看不见那只回巢的鸟。在树干后面……猜测间，另一只亲鸟飞回来，落在窝的对面帮上。以巢体作掩护，探头把食物塞进雏鸟口中，转身飞走了。我只见雏鸟进食动作，未见成鸟其形何样。

心中佩服那鸟儿的睿智，后悔自作聪明，躲进篷中无法移动。正想着下一步该怎么办……

突然，感觉腰部被拱，伴着"呼、呼"喘气声——熊！头发茬子"唰"地竖了起来，脑袋"嗡"地一声涨大。

跑！出得去吗？篷矮，腿软，站得起来吗？门在哪？

慌乱中，右手摸到挂在腿侧的砍刀把。空白的脑袋，有了几分思维——不怕。没对动物构成威胁，它不会轻易攻击人。左手哆嗦着，想拉开帐篷出口的拉链，单手拉不动，又不敢两手同用。

急中生智，抽出砍刀，从脚下往上划，"刺啦"一声篷开了。心里想慢点出去，会更安全。不听使唤的腿，也不知用的哪般邪劲，"嗖——"的一下，让我蹿了出去。右脚被篷布缠住，蹬踹着，滚爬到老桦树旁。

恍惚中似有"黄熊"晃动，急转到桦树后，抱住树干。定神细看，是头小牛拱着篷布，舐食草棵里的花生米。

哎，原来是我支帐篷时，失手撒落了午餐用的花生米，招来的不速之客。

帐篷不能用了，也不敢用了。

索性退得再远点，坐在大树荫下，拉来半个帐篷隐身，用遥控器拍摄。

也许是因为我又离那鸟巢远了些，也许是因为那鸟与我处的时间长了些，感觉我并无恶意。它们很快就叼虫回巢，正常喂雏了。

让我兴奋的是，拍摄到了雄性灰背鸫鸟回巢喂雏的瞬间（雄鸟特别谨慎，稍有干扰就不敢回巢喂雏）。

更重要的是，这只雄鸟与一般灰背鸫鸟的胸羽不同。它的胸前羽色，确切地说，是喉下羽色，有一小块灰黑色的斑羽。有别于普通灰背鸫雄鸟的胸部灰色羽毛。

拍摄任务完成，我低头收拾东西，准备回返。对面树林"哗啦"一响，一个黑影冲了出来。吓得我"啊"的一声，魄出脑壳，魂飞天外，靠在树上，以为真的是熊出现了。定睛一看，原来是一个人，问我看见牛了吗？

我背起装备，引他去林中找牛。闲谈中了解到，来人姓魏，看模样比我小不了几岁。这几天，他来这儿忙着种地，回村往返嫌远，不愿折腾，住在坡下自己家的破房子里，顺便带牛来这儿放牧。

当我提到熊时，他说："有！见人就躲了，没伤过人。"

心里有了底，顺着来道，我大大咧咧地往回走。过了沼泽地，步入蒿草道，来到转弯处，前方传来"沙、沙"的树叶晃动声。

有个黑影在晃动树。啊！是熊。揉揉眼睛再看，还是熊。有了前两次的"经验"，现在镇静多了。

想起102岁的"尚老道"教我进山的招数，慢慢靠向就近的大树，用手中的"梭拨棍""叫山"，让动物知道我来了。

这招真灵，那熊听到我敲打树干的声音，愣了一下，转身跑向树林深处。我一步三回头，走完了那段"漫长"的山道。到了公路上才松了口气。

粉色的灰背鸫卵，后来在家门口的南山坡小松林里，又发现了两处。经跟踪观察，它们的孵卵、育雏行为与灰背鸫无二；雏鸟的排泄物，从破壳的第一天到离巢（11或12天），全部被亲鸟吞吃入腹。这一行为，是鸟类中极少见的现象。

那幅项下羽色有黑灰斑纹的雄性灰背鸫鸟的照片，我曾发到鸟网上请教专家学者，至今未果。是新的亚种，还是其他原因造成的，有待专家、学者研究、考证。

岭后拍摄生粉色丽的灰背鸫峡谷雏鸟，险象环生，惊魂未定。归途中真的遇上了"狗熊"蹭树

2007·06·25

伯劳鸟的魅力

南山坡的小柳树丛里，有一处红尾伯劳的鸟巢，5只小鸟已经破壳8天了。再有六七天时间，雏鸟就可以出飞，成为真正的伯劳鸟了。

那儿是去"崖畔"观察点的必经之处。离那鸟巢尚有百米之遥，就听见伯劳夫妻在拼命地喊叫。

有情况，我急步赶过去，在鸟巢旁的一棵大树下，有两位工人，在摆弄油锯，准备伐树。

我向他们打招呼，解释说："师傅，这有一窝小鸟，过几天就能出飞了。能否先从别处开始伐？""不能！老板让从这开始锯。"他俩漫不经心地回答着，顺手往锯的油箱里加油。

"这么一大片树林，你们先从别处开锯不一样吗？"

"我们从下边开始伐。不过，明天就到这了"

"谢谢了。"我拱手致意说。

看来，鸟巢不挪走是无法躲过这一劫了。脑海中琢磨着办法，随手抓起一把枯草，编成大碗状。想用它托着那鸟巢（怕移动中弄散鸟巢），移往"红线"外远点的类似树上。

我刚扒开茂密的树枝，两只亲鸟同时飞来，雌鸟不离左右地飞跳在枝间。落到近在咫尺，伸手可及的地方，身羽蓬松（炸开），尾羽张开左右摆动，声嘶力竭地喊着，让我别碰它的孩子。

古诗云："群儿探雀雏，雀母悲且鸣。"（《和应之檐雀》宋·张耒）

我轻声叨念"别怕，我是来救你们的"，手慢慢伸向那窝。雄鸟飞来扑去高声地怒吼着让我住手。它偶尔落在枝间，尾巴前后摆动，探胸、伸脖，做欲鸽我之势。

我托着放有鸟巢的"草碗"慢慢地小心翼翼地走向十几米远的孤树桩。把鸟巢稳稳地放在它的枝杈间。这儿，没有其他树木遮挡，鸟巢明显可见，

鸟巢受威胁，雄鸟急飞鸣

雌鸟近在咫尺，左右摆尾声嘶力竭地喊叫

雄鸟前后摆尾，急切地高声呐喊

那一对伯劳夫妻很容易看到巢里的孩子。

我退到20米外的大树后观察、等待。一会的工夫，雄鸟飞来了，落在窝的上方树枝观察巢中孩子情况，一边轻声叫着，似慰雏，又似唤妻，不得而知。很快雌鸟叼虫回巢喂雏了。

有门，我高兴得没敢跳，心中偷着美。暗想，这窝雏鸟有救了。瞅着它们喂一会雏鸟，我回到巢边，一对亲鸟落在旁边树上看着我的行动，同时轻声叫着，似乎理解了我的意图。它们已无攻击之意，我再次托起"草碗"走向30多米外的灌木丛，把鸟巢安放在一株与伯劳筑巢环境相似的密枝中。

我撤后观察，等待伯劳进去喂雏。很快，雌鸟叼着虫钻进了灌木丛。静静观察，约半小时之久，一对伯劳进进出出的，已经正常喂雏了，我才放心离开。

伯劳鸟，俗称"虎巴拉"（满语，二愣子，蛮干），体型比麻雀稍大一点。性凶猛，吃荤多食素少。繁殖期领地意识强，敢于同入侵者搏斗。古人称之为"雀王""屠夫鸟""凤凰皂隶""博劳""劳"等。有诗赞曰："南中有鸟名伯劳，禽经羽族称雄豪。"（《伯劳吟》明·杨慎）

传说周宣王时，贤臣尹吉甫听信继室的谗言，误杀前妻留下的爱子伯奇。日后听到伯奇的弟弟伯封悼念哥哥的悲伤诗句，非常后悔。

鸟巢迁移途中安放在树桩上，让亲鸟适应

三天后再度移巢拍摄，亲鸟很快适应

雄鸟衔虫儿回巢，交给妻子喂雏

一日，尹吉甫于郊外偶遇奇鸟在桑树上啾鸣，鸣声悲哀凄凉。尹吉甫心竟被触，疑该鸟是伯奇魂魄所化，于是曰："伯奇劳乎，如是我儿，飞落我车上同归家中。"话音刚落，鸟飞来落到马车上。

到家后，鸟停屋脊哀鸣，尹吉甫拉弓假装射鸟，转箭射杀了继室，以安慰伯奇。

为子遮阳，感人，不忍再拍摄

岭后，农民砍树留下的鸟巢，雨中护雏不避人

二到岭后，雏鸟已大，遇雨头向妈妈胸部伏巢抗雨

14、15 日龄，雏鸟在父母的呼唤声中离巢

伯劳鸟名由"伯奇劳乎"一语而来。

民间的鸟文化不可小觑，成语"劳燕分飞"的典故也出自伯劳鸟。

雏鸟 11 日龄后，父母不在老大持家

人入巢区，伯劳不安

2007·06·28

雄主外雌主内

　　"男主外女主内"不只人类，伯劳鸟儿的"家庭"就是"雄主外雌主内"。雌鸟在窝内孵卵，雄鸟在领地（约50米）内巡逻、警戒、觅食，捉虫儿回家喂养妻子，闲暇时还得站在高处巡视疆土。

　　雌鸟也很守"妇道"，无事不离"家"，只在需要"方便"时才离巢，由丈夫替孵一会。"方便"后伸伸腿，抖羽松身，顺便啄个虫儿吃吃而已。

　　雄鸟儿发现巢区内有情况，就轻声低鸣通知妻子。危险临近，雄鸟则急切地大声喊着，让妻子离开或是参与战斗。

　　说也奇怪，前几天，在南山坡小松树林里的伯劳与灰喜鹊，还因争夺筑巢位置而大打出手。当村里的大花猫溜进它们的巢区，竟能联手抗击入侵者。原来鸟儿也懂放弃前嫌、共同御敌的道理。

巢前枝叶被人为除去，雌鸟忍热为雏鸟遮阳

伯劳卵每窝 4~6 枚，这窝创卵之最

　　这处被我救助的伯劳鸟巢，就是它们驱赶入侵者时，拼命的呐喊声，惊动了我，引起我的警觉，去营救它们的。

　　今天，云成块，天碧蓝，阴晴都有好光线。是拍摄伯劳鸟巢边喂雏，可减少长时间日晒，避免晒伤雏鸟的最佳天气。

　　今日，雏鸟 11 日龄（15 日龄出巢，10 日龄前鸟小，不宜打扰），于巢边短暂打扰，不会影响雏鸟成长。我来到放有伯劳巢的小树丛，雄鸟轻声地叫了几声，似告诉我轻点，又似安慰雏鸟别怕。

　　伸手缓缓取出我移过来的鸟巢，托着，慢慢地走到上次中转时放巢的孤树枝旁，轻轻地把鸟巢安放稳。

　　鸟儿有灵性是肯定的。这对伯劳夫妻，似乎清楚原来的安家树已被伐倒拉走，也认出了为它们"搬家"救助的我。

　　知道我无恶意，端巢移崽，可能又是为它们好，所以，无激烈鸣叫与对抗行为。

　　巢安放稳妥，躲进隐蔽篷观察、拍摄。

　　彼此有了信任，它们很快叼虫回巢喂雏，自然而随意。它们不紧张，我也很轻松，因此观察、拍摄到很多鲜为人知的精彩瞬间。

　　雄鸟叼虫儿回巢（雌鸟不在），谁能抢给谁吃，他激励孩子们的竞争意识。

　　雌鸟则按顺序喂虫，它希望每个孩子都能顺利长大。雌鸟在巢边，雄鸟叼来的虫子交到雌鸟口中，由雌鸟喂给孩子。雄鸟偶尔自作主张，雌鸟则大声地数落"丈夫"不懂持家……

　　我全神贯注地观察、拍摄，忽略了天空变化。

雄鸟替孵，雌鸟飞回

鸟类也浪漫

伯劳卵分粉红、乳白两种颜色，都带斑点。孵化15日雏鸟破壳

云越来越稀，光照越来越长，气温在悄悄升高。

突然，雌鸟空着嘴飞回来，落在窝上微展翅膀为孩子遮挡阳光。

雏鸟依偎在母亲胸前的阴影里。温馨、幸福、感人。

母爱——让我震撼。一只小鸟竟懂得为孩子遮阳纳凉！它的"家"原本在灌木丛中，日晒少，雨淋稀，通风且舒适。

我虽然救了它们，可是，此举不免有乘人之危之嫌。顿觉心愧，取消拍摄，钻出帐篷。托起"碗窝"慢慢送回原处，摆正、放稳，把周围树枝恢复原样。倒退着撤离，用树棍扶正被踩倒的蒿草。

树丛里传来伯劳鸟父母的轻声鸣叫，它们在安慰孩子——没事了，宝贝。

雌鸟的遮阳之举，让我想起去年在岭后看到伯劳雌鸟为孩子遮挡风雨的一幕。

雏鸟 7 日龄前离不开亲鸟呵护

那是 2006 年 6 月 2 日，村民海波约我同去岭后，他采野菜，我拍鸟。

钻过树林，眼前出现一片黄豆地，他指着地边的一簇"王八骨头树"说："那有窝伯劳，你自己去拍吧，采完野菜我来找你。"

我顺着地垄向那小树走去，老远就看见那簇小树，靠地这边的树枝少了一半。完了，鸟巢可能被毁，心急腿快，几步赶到窝前。

鸟巢完好无损，5 只雏鸟听到父母的报警声，静伏巢中不动。

筑有鸟巢的树冠，靠黄豆地这边的树枝多数被折断。农民嫌树冠挟庄稼（挡光影响庄稼生长），折枝时发现有鸟巢住手了。窝中的小鸟得以保全，也为我拍照提供了条件。

六月的天，小孩的脸，说变就变，刚架稳相机，人尚未隐蔽，乌云就赶到了。"哗啦啦"，大雨不由分说地下了。情急中，我忙着用塑料袋遮挡相机，无心顾己。雨帘里一鸟飞落巢上，是雌伯劳回巢护雏挡雨。

人离鸟巢这么近又无任何遮掩（通常拉 10 米长快门线入隐蔽棚拍摄），平时亲鸟绝对不敢回来。

保持巢内清洁，及时叼走粪便

雌鸟孵卵 15 天，慰雏六七天，均由雄鸟衔虫回巢喂养妻子儿女

它为了孩子不被雨淋，豁命、冒险回巢护崽。

母爱，无私、无畏、伟大。

母爱，让我感动。我站立着不动，不敢拿出伞与雨衣，任凭大雨浇透全身，也不愿惊动那鸟护崽。

慢慢转动镜头，轻轻按下快门。然后，连大气都没敢喘地撤出了它的巢区。

当我第二次只身来岭后拍摄这窝伯劳时，巢中雏鸟已达 11 日龄。双亲外出觅食，不在巢边，巢中雏鸟由老大主事；遇蝶扰、遇蜂袭，老大挺身迎击。危险来临，老大告诉弟、妹，共同趴伏巢中不动，

等待父母救援。

2017 年 6 月 28 日，应好友邀请去城郊附近，拍摄啄木鸟树洞喂雏。在拍摄中，好心影友告知，小道旁的小榆树上有一处伯劳鸟巢。伯劳，我在山里拍摄过多处，所以，没有动心，也不想无缘无故地去打扰、干涉它孵卵育雏。我原地没动，专心拍摄啄木鸟。

同行者跟去看之，回来说伯劳正在孵卵。三日后，他开车拉我去看那伯劳巢，想请我判断拍摄伯劳鸟喂雏的日期。

还没看清巢位，两只伯劳鸟已飞到高树上大声地鸣叫不止，喊我们离开。巢中雏鸟刚破壳一两日，身上无毛需要亲鸟在巢上呵护。巢帮前方的枝叶已被人为处理过，"适合"拍摄。"哎！为拍鸟，真是不顾鸟的性命呀。"思索中，同行者拉我到对面的高岗上，站在经人多次踩踏，蒿草已枯死的拍摄点，巢中雏鸟一览无遗。

抻拉相机架子准备支放，低头看脚下，发现坡下靠前处，还有踩站痕迹，竟有离鸟巢不足 4 米的拍摄点。拍摄者肯定不做任何隐蔽，真难为这窝伯劳鸟了，能在人的镜头监视之中把卵孵化成雏。以此判断，拍鸟人是在两三天前开始打扰，正值巢中雏鸟破壳之际，亲鸟不忍弃巢。

为了让这对伯劳鸟心里减少恐惧，我俩后退约 2 米（他是 800 定，我是小画幅 600 镜头）半隐在小榆树后等待拍摄。

雄鸟把食物撕成小块，递给妻子喂雏鸟

或许是因为我俩向后退了几米，或许是因为我俩依小树半掩，对鸟稍有尊重，或许是亲鸟心痛孩子。几分钟的工夫雌鸟已回到巢上护雏，雄鸟也叼虫回巢，开始辛勤劳作，寻虫儿养家糊口。

最幸运的是，观察拍摄到雄鸟替换雌鸟伏巢护雏的交接仪式，竟是张嘴对视、接吻后，雌鸟才放心离去。以前对伯劳鸟的拍摄，我恪守雏鸟小不易打扰，10日龄前不惊动的原则，所以没有观察拍摄到雏鸟4日龄前的窝上情节。巢上雌鸟接雄鸟叼回来的虫子喂雏鸟，只见文字记载，没拍摄过真实画面。今天如愿，"感谢"前足拍鸟人，不顾鸟的死活之为。观察拍摄中还发现，因巢中雏鸟小，雄鸟把肉虫撕碎成小块，叼交给雌鸟，由雌鸟一一喂给身下尚没睁眼的雏鸟吃。

看着雌鸟展翅遮阳喂雏的艰难动作，想着任性的拍鸟人逐日增多，环境变化之迅速，鸟的"进化"

遮阳、喂雏，两不误，难

孵卵护雏 20 多天，雌鸟偶尔离巢"方便"，抖羽松身

伯劳的眼皮是由下向上合闭的

跟不上时代步伐。

依照森林法则"适者生存"的规律，人类在有意无意地加速着鸟类的灭亡进度。

就眼前的这窝伯劳，我想帮它们恢复巢上枝叶遮掩也无能为力。唯一能做到的就是不再来打扰。

归途中，回味多年来对多处伯劳巢的观察与拍摄，发现它们的共同特点，都是以雄主外、雌主内的持家方式繁衍后代。

院内伯劳轻飞慢唤

2016·07·09

鸟有灵犀识我心

　　鸟儿有灵性是肯定的。2016年7月9日,我应老友之邀请,去某处"棚鸟拍摄基地"指导他们学习拍鸟儿。

　　进得棚来,架机拍摄,鸟的种类不少,"南鸟、北鸟"都有。间歇时,我拿水果逗引鸟,一只"橙腹叶鹎"(南鸟)落到我的手上。

　　棚中之鸟不甚怕人(怕人也没法),可也没有敢落到人手上的行为。天天给鸟送食物的棚主也没经历过,纷纷感觉奇怪,有人拍照,有人说闲。

　　我心中明白,这鸟儿是向我求助。

　　我无奈,说服棚主、赔偿损失等事都好办,难办的它是南方鸟,生活在云南、广西、广东、福建、香港、海南岛一带,属当地留鸟。在这里放飞,它也无法生存。留在棚中,尚能多活数日。

　　我十多年钻山入林与野鸟为友,被我救助过的鸟类不少,这只"橙腹叶鹎"许是感知我对鸟友善,不会伤它。

　　看着手上的"橙腹叶鹎",无奈中心情郁闷。

　　走出鸟棚,到院中散心。赏花、观水,树丛里传来伯劳的细语声。

　　有伯劳在附近喂雏。我精神一振,回棚取来相机拍伯劳。

　　绿影中,伯劳雏鸟绒绒楚楚,无忧虑,轻松随意枝间跳,亲鸟来来往往喂雏忙。真乃:"春风淡荡景悠悠,莺啭高枝燕入楼。"(《汉苑行二首》唐·张仲素)。

"橙腹叶鹎"鸟儿落在我手上，
我却无法将它放飞

雏鸟枝间抖翅索食

黄口无饱时时要

雏鸟无忧闲梳羽

雏肥母瘦林间鸟

老大自立偶啄虫

镜头随着鸟飞鸟去，道路旁，草丛中，似有雏鸟在挣动。架稳相机，过去查看，一只小伯劳被钓鱼线缠住脖颈，无法逃脱。

鱼线韧，缠得紧，扯不断，一人无法解开。情急中拉动鱼线到石上以石块击断，拿着小伯劳回鸟棚里，请朋友帮忙解救。

依脖颈被勒痕迹判断，小伯劳被困不止一天，是它的父母不放弃一直在喂养，小伯劳才得以生存。

有人提议把小伯劳留在鸟棚，为"拍客"效力，我断然拒绝。

鱼线细韧难拉断

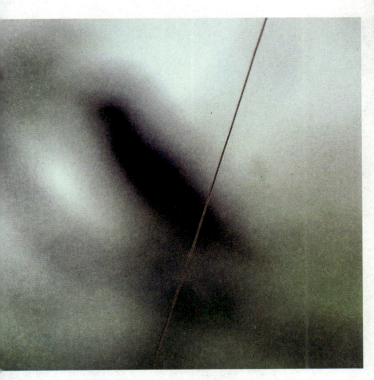

被放飞后小伯劳不急于逃走，拍照留念，再按快门它跳到另一枝上，对焦的却是空中鱼线

更有人不知鸟愁，羡慕地说："鸟在这里多幸福，有吃有喝的。"我反问："让你失去自由，天天给你饺子吃，行吗？"鸟儿是属于大自然的，棚里的鸟儿向往蓝天，向往森林，渴望自由。鸟类在大自然中，默默地为人类维系着生态平衡。

这里通风差，只吃一种变异的"面包虫"。鸟都脱毛了，怎谈幸福？

辞曰："乍向草中耿介死，不求黄金笼下生。"（《雉子斑》唐·李白）

我拿着小伯劳到原处放飞。它并不急于逃走，落在树枝上任我拍照留念。第二次按动快门时，它跳到了另一枝上，对焦的竟是悬在空中的渔线，小伯劳成了虚化的陪衬。

小伯劳们在自己的巢区内快乐成长

难道这只小伯劳知道这儿还有安全隐患？顾不得多想了，请老友滕春忠帮忙，清理干净树枝上缠绕的渔线，为这窝小伯劳（4-5只）在自己的巢区顺利成长，排除了安全隐患。

小伯劳步入林中找妈妈去了，真乃："桃李风多日欲阴，百劳飞处落花深。"（《春日忆司空文明》唐·卢纶）

祝小伯劳们健康成长，来年春季再相逢。

小伯劳飞往林中找妈妈去了

老朋友滕春忠帮忙，拉断树枝上缠绕的渔线，为小伯劳清除隐患

2007 · 07 · 09

被迫移居繁衍难

衔泥辛苦傍人飞

正在院中的遮阳伞下喝茶聊天。"叽叽喳喳"的群燕争鸣声由远而近，从云端传来。

举目观看，百余只燕子在高空中翻飞，驱赶着下方的一只雀鹰，勇者竟敢袭击雀鹰的后背。

是燕子的嘈杂声惊动着鹰的猎物，使鹰无法获取食物，还是雀鹰忍受不了燕子的骚扰，很快飞离了燕子的辖区。

在驱赶雀鹰的"混飞"中，那敢袭击鹰背的燕子也偶有失手者，成了雀鹰的猎物。

看到群燕斗鹰的一幕，才意识到自己竟顾钻山入林寻野鸟，却忽略了身边的常见鸟类。

小村里的家燕窝虽多，光线好，但适合拍摄的也挺难找。离这几十米远的张家，铁皮房檐下那窝家燕正在喂雏，高度适合拍照。

架稳相机等拍摄，才感觉到，拍家燕也不像想象的那么轻松易拍。机位低，拍不全，机位高，人够不到。距离近，燕子也不敢回巢，距离远，结像小。

找来平板车，把相机架高，引上10米长的快门线，躲坐在墙角，喝茶、观察、拍摄。

家燕，俗称"燕子""拙燕"（窝简陋，不如金腰燕贴棚筑的花瓶式巢精巧）。家喻户晓的鸟，受到人类呵护。传说捅燕窝，逮燕子，人会闹眼病的。所以，无论燕窝筑在何处，人都不去碰它。更有甚者，在过去的农村土房中，常有燕窝筑在水缸及家具上方的横梁上。人也不去捅它，只在窝的下方架块板托住雏鸟拉的粪便而已。

燕巢原本筑在室内梁上，被迫移居檐下，清晨气温低，双亲伏巢暖雏，无法觅食

檐寒喂雏时后延，雏燕成长速度慢

家燕的进化与人类生活息息相关。它们的巢原本筑在人类房屋内的梁上。"争梁谇语惊幽梦，掠地斜飞避画帘。"（《燕》宋·陆游）

因受到人类的宽容与呵护，燕子的雏鸟在窝内活动也随意任性，窝边，地下，粪迹斑斑。

其他鸟类的雏鸟则不敢这样，必须等亲鸟在巢边才敢拉屎，这样便于亲鸟及时叼走扔得远远的。免得落到窝旁与地面，因气味招引天敌。

随着时代的变迁，草苫房盖、泥坯土墙造的房子，已被砖瓦、铁皮房盖代替。室内棚平，不见椽、梁，门窗已由纱网遮挡。家家户户不再开窗、敞门，纳蝇式通风。

家燕，被人类隔在屋外，被迫移居室外的房檐下，楼道的过厅、廊墙，筑巢繁衍后代。

原来在梁上筑巢，可以借助梁的弧面黏固窝形，筑巢比较容易。现在，移位室外的垂直墙面上筑巢，受力点改变，筑巢用泥的黏合度也得增强，寻泥不易，筑巢更难。

"燕子营巢得所依，衔泥辛苦傍人飞。"（《燕子》宋·刘子翚）

更难的是清晨天气凉，双燕不敢按常规时间（早4点）离巢捕虫喂雏；得伏在巢上为雏鸟保温取暖，等气温升高了（7点），才能离巢，飞空寻虫啄食。喂雏时间推延，雏鸟生长速度缓慢。

家燕每年繁殖两窝，第一窝雏鸟延长了出巢时间，第二窝雏鸟便很难发育成熟，因而无力飞往南

雏燕翅嫩常歇停

荷尖雏燕母喂虫

雏燕荷塘争食忙

方过冬。常有家燕父母为了多喂养几日雏燕，误了行程，陪雏燕一起饿冻死在洞穴及空房中。

家燕形优，并不善良。我住房的前院，房檐下有个家燕窝，同墙的右侧下方，约离燕窝两米处，墙洞内住有一窝灰鹡鸰。两窝鸟都处在喂雏期，燕子夫妻经常抢灰鹡鸰带回来的昆虫。更有甚者，趁灰鹡鸰夫妻不在家，"入室"鹐叮人家孩子。一窝灰鹡鸰5只雏鸟，最终只有2只成活到离巢日。

家燕团结互助，有集体精神。谁"家"雏燕到了离巢期，邻巢的成燕，会飞来巢边作示范，逗引雏燕离巢出飞。

在各位"婶、姨、叔、伯"们的劝说鼓励中雏燕才敢展翅离巢学飞。

"燕子来时春雨香，燕子去时秋雨凉。"（《燕子辞》元·杨维帧）

每年的十月一日左右（帽儿山脚下我住的小山村），家燕南迁的前一天，百余只燕子，聚集在电线杆两侧的电线上开会。商定南迁路线、随走"人员"等事宜，会后一两日内全部南迁。留下的是无力长途飞行的幼燕及舍不得孩子的燕父母，

它们将永远被滞留在这片赖以生存、生息繁衍的地方。

"年去年来来去忙，春寒烟暝渡潇湘。"（《燕》唐·郑谷）家燕春来秋去之季，正是歹人张网捕雀之时。

"婴网虽皆困，褰笼喜共归。"（《丁巳上元日放二雏》唐·薛能）

天敌入侵燕心齐，共同驱赶离巢区

雏燕相戏嫌塘窄

育儿母瘦雏燕肥

家燕貌似善良，却也有掠抢邻鸟食物的行为

入网必成断头尸

　　燕子经常被鸟网"粘住"。捕鸟人得燕无用，摘活燕易蹬拉坏网丝，图简便快捷，双手一用力，揪下燕头……捕鸟网下燕尸累累，是常见之事。

　　2014年5月14日，在松花江河套湿地的荒岛上，我为了解救十几只挂在网上的家燕，曾被捕鸟人殴打。事后，岛上管理人员，清网烧毁了事。

燕子南迁先开会

空中喂虫练雏飞

幼燕无力南飞翔，亲娘急喂盼儿强。无奈，秋已凉

　　家燕是益鸟，人人皆知，除少数人张网误害它们，更重要的是，因环境条件的改变，化学药物的泛用，家燕繁衍生息日渐艰难。

耳羽不被风吹动，谁能发现这有鸮

2007・07・20

崖畔惊魂

　　昨夜一场雨，洗得山林、原野，清澈透亮，空气格外清新怡人。树林里的蘑菇注定雄姿勃勃，惹人爱，村里人已三三两两地挎筐步入山中。

　　我也想采些鲜蘑，招待中午来访的朋友。背上自制的"小筐"向离村最近的那片松树林"大姑娘崖"走去。

　　那里松高林密，村民忌讳，涉足人少，容易采到蘑菇。

　　松树下，金黄色的"扫帚蘑"，晃着膀子争先恐后地向上伸展身姿。随便找一处，蹲下，掐拣着身边的"扫帚蘑"，轻轻抖去蘑上的松针，放入"筐"中。

　　正采摘在兴头上，"啪"的一声，什么东西砸了下帽子，滚落到地上。

　　直起身，仰观树冠，未见异物。低头找落物，发现树根旁有灰白色似兽粪之物。以棍拨动，有鼠毛和鼠的头骨。

我恍然大悟，是猫头鹰的呕吐物砸到了我的帽子。树上有猫头鹰！

后退着，以目搜索着上方的枝枝、杈杈。松针间，一只长耳鸮，双眼半睁似闭地打着瞌睡。

长耳鸮，俗称猫头鹰。属稀有鸟类，已列入"世界自然保护联盟"2012 年濒危物种红色名录。

依树下的污物判断，长耳鸮已在此休息多日。

为了有效地吸引它在此长期驻足。回家后，我号召全村儿童（17 户）家里有捕到老鼠的，送给我，每只奖励 1 元（毒死的不要）。隔三岔五地就有村娃送鼠来，只要活的。

我也隔三岔五地往"大姑娘崖"的观察点送鼠。每次都在活鼠尾的末梢部位系上细铁丝，待鸮捉取时，鼠尾皮被铁丝撸下，对鸮无任何伤害。

雌鸮挺身下看，巢内肯定有宝宝

鸮也不客气，如数照收，从不打条。

长耳鸮一直在这片林中休息，盛夏的树，枝繁叶茂，林中光线幽暗拍摄效果不佳。

时间步入 9 月，我终止了送鼠行动（村童的鼠照收不误，免得来年无人提供），免得长耳鸮误判此处食物充足（冬季我回城住），冬天留在这里受饿。

我希望，希望来年春季，长耳鸮还在这里出现。

我每年 5 月 1 日入住小山村，为了长耳鸮，2008 年提前从海南回来。

急于知道长耳鸮的情况，我于 2008 年 4 月 15 日坐早车去帽儿山。下了火车，打开折叠自行车，骑了 7 千米路程，到"大姑娘崖"寻找去年的"希望"。

崖畔北坡白雪尚存，树叶毫无绿意，含苞累累，静待春风吹绽。

都说鸮白天视力差，烈日下林间飞行未见撞刮

三只雏鸮已近离巢日

多日相处已成朋友，任我近距离拍摄

鸮有内眼膜，半透明，斜向开合

去年的那株长耳鸮驻足之松，清晰透彻，可谓，松枝依旧傲春风，鸮鸟不知何处停。

找遍了松林及周边的树木，均未发现长耳鸮的踪迹。

失望的眼神移向崖畔南侧的几株大杨树，树上比邻的两处喜鹊窝，是去年的旧巢。低一点的那处，圆巢变成了平顶（喜鹊巢呈圆球形，侧面有圆形出口）。这一变化让我深思，举望远镜仔细观察，没发现任何异物。

再认真搜寻附近树木的枝杈，仍未发现长耳鸮。凭经验判断，那平顶的鹊巢，非鸮即隼所为。

从下方无法看到窝上动静，后退，后退，再后退，索性坐在一棵大杨树向阳处的根部。向后一靠，等待希望出现。

一个多小时过去了，那窝安静如初，四周寂寥无声。抬头看看西斜的太阳，该往回走了，再晚赶不上火车了。

站起身来，一手扶树干，一手拍打臀部的尘土。伸肢抖神，准备离开。再次巡视周围树木，侧方大杨树的干上，有羽毛晃动，黄光一闪。

我定睛细看。

啊！长耳鸮！

要不是它转头向我，耳上长毛被风吹动，要不是它瞪目瞧我，露出鲜黄色的眸子，我岂能发现它的存在。

它那羽色斑纹与大杨树干的颜色纹理浑然一体。

好聪明的鸟啊，借助大杨树干隐遁自身，晒着太阳守卫妻子孵卵。

长耳鸮回来了！长耳鸮在此孵卵繁衍后代了。

我兴高采烈地蹬车赶往县城，遐想着日后的拍摄计划。

长耳鸮孵卵期近半个月，雏鸟留巢一月有余。所以，按往年的时间，5月1日入住小山村，正值长耳鸮喂雏期，观察、拍摄正适宜。

我把它放在伸手能及的枝上

五一的帽儿山,树叶初绽尚含苞。叶绿不密,枝透色鲜,拍鸟、观巢,天晴、光美。

租房入住的第二天,室内尚未规整利索,我便急着去看那长耳鸮的近况。巢上已能看到雌鸮的尾羽,它偶尔挺身,头上的耳羽与机警的眼神清晰可见。

雌鸮的身姿调整是为了身下雏鸮的舒适(孵卵期雌鸮轻易不动)。以此判断,雏鸟已破壳多日。

雄鸮的守候,改为松树枝内,依然在向阳处。

为了讨好长耳鸮,为了助鸮的子女茁壮成长,回村后我旧技重演,号召村童送鼠,活鼠每只两元,死的不收(免有鼠药)。

因收鼠价的提高,收到的鼠数也有所增多。我隔几日去"崖畔"送鼠一次,时间都在下午4点。随着时间的推移,次数的增多,人与鸟拉近了距离。有时鼠刚拴放好,人才撤离10数米,鸮已来取走食物。

"大姑娘崖"原本无人愿意涉足,听说有猫头鹰,就更没人去了。

猫头鹰,在我国民间,不祥之说由来已久。"岂知惯闻此丑狡,呼集鬼物夸阴狞。"(《拟韩吏部射训狐》宋·梅尧臣)

无外人干扰,只有我与长耳鸮对话,观察、拍摄自然而随意。5月20日,3只雏鸮开始站在巢边晒太阳,挤得妈妈到旁枝上栖身。

我下决心要观察或拍摄到雏鸮离巢的瞬间。直到太阳落山,林中暗淡下来,才拄杖探索着回家,身后不时传来"咕、咕"的神秘叫声。

5月23日,起早赶到"大姑娘崖"观察雏鸮动静。三只雏鸮依然在巢上,雄鸮蹲在大杨树干的侧枝上,位置更低,更易拍摄,近拍远摄随意挪。雄鸮闭目养神,偶尔睁一只眼闭一只眼,无视我的存在,似乎知道我不会伤害它。

不知不觉已近黄昏,白日雏鸮没有离巢迹象,祈盼傍晚新发现。

刚才还晚霞映天,转首之际太阳藏得无影无踪,林间骤然变暗。

渴望一睹雏鸮离巢,壮着胆子,想多待一会。

第二天一早，两只雏鸮已到树的高处，亲密私语

松林里的"唬、唬"怪声随松涛涌来，闪闪烁烁的小亮光，这灭那亮的，漂浮不定，神秘得让人瘆得慌。我不信有鬼，明知那是"磷火"，可这里毕竟是大姑娘跳崖殉情地。不怕是假，胆战心惊是真。事后分析，是村户灯光透过晃动的树叶所致。

背起背包正准备离开，突然，"扑通"一声，吓得我一激灵，浑身汗毛炸竖。我强装镇静，拢眼神看去，地面的枯叶上有东西在扑动着。

是雏鸮从巢中"飞下来"了？我壮着胆子凑过去，左手护着颜面（防成鸮袭击），右手抓起雏鸮，拿到十几米外的枝叶茂密的小松树前，举到高处放在松枝上。

退后几步，看它站稳了。转身之际，"扑通"一声又一只雏鸮"坠飞"下来。我如上所做，把两只雏鸮放在一起。

我索性靠着大杨树干，忍着恐惧，站等第三只雏鸮下来。时间一分一秒地过着，恐惧一层层地加

20天后，雏鸟身形与父母无二，它俩依然长相依

清晨犯困，打个哈欠

伸翅探腰，不亚成鸮威风

关于狐的书我读了不少，说妖道精，谈奇论怪

远山近树已成黑色剪影，树上的鸮、鹊之巢，隐入黑影不见形。树摇影动，草形怪异。

松林幽暗阴风凉袭，不远处"嗷"的一声传来，令人毛骨悚然，心惊胆寒，吓得我转身朝山下奔逃。

我连滚带爬地到了山坡下的路上，坐在地上喘着粗气，调整心率，想缓缓神再走。

再向前走500米即可进村了，心里有了底，神情轻松了许多。神经一放松，听力恢复正常，感觉身前背后有"窸窣"的草棵晃动声。

前看后瞅，似狼像狗之物分别离我七八米远蹲着不动。

脑袋"嗡"的一声涨大了许多。转念一想，此处三面邻村，不可能有伤人的兽类。

公路上的汽车灯光一扫而过，前红后白，是两只狐狸把我夹在中间。它们要干什么？关于狐的书我读了不少，说妖道精，谈奇论怪的，是真是假，愈想愈瘆人。总之都在写它们很聪明。

我突然明白过来，这儿的山南坡有"开元寺"，它俩是放生之狐。我这些日子来崖前送鼠、放肉给鸮，拍摄完毕临走时，有把吃剩的食物留给当地小生物的习惯。

二狐缠着我，定是想要食物。一摸兜，还真有一根"红肠"。掏出来一掰，没断，塑料密封很结实。

夜幕中的狐，我一抽刀它吓得后跳

肘臂碰到了右腿侧的砍刀，"噌"的一声抽出砍刀，吓得前方的狐向后一蹦。它知道怕刀，是狐，不是妖。

我把"红肠"往刀锋上一蹭，分成了两段，分别扔向两只狐狸。狐叼着"红肠"迅速躲入道旁草丛不见了。

说到红肠想起了朋友，这是我的好友孙建平，怕我在山里拍鸟吃得简陋，特意买一箱红肠，单只塑封后专程送来为我应急的。今天，不单我吃，还派上了别的用场。

我把兜子翻得底朝上，面包、花生米、苹果，统统倒在地上留给它们。然后把砍刀的护手环套在腕上，右手握住砍刀把，左手持"树杖"，大步向家走去。

不知是惊吓过度，还是今天遇到的事件离奇，

我躺在炕上睡不着。回顾桩桩件件，细品奇遇缘由。

深觉鸟、兽、人之间，有很多感知之外的感知，人类有所不知。

那两狐，属放生的人工饲养过的狐，不怕人，似乎合理。然而，放生狐无捕食能力，它俩怎么活下来的呢？

那两狐一定是在开元寺附近被放生的，那里有露天供品，可解它俩燃眉之急。然后，躲入"大姑娘崖"的松林，偶尔得到我送的鼠与留下的食物。

并在暗中获取了我的信息，脚步声、体态、动作、气味等。感知我无害它们之意，又凭嗅觉知道我囊中有食物，才敢缠我索食。

至于那对长耳鸮夫妻，早已感知我对它们有益。对二狐的存在，鸮也了如指掌，对自家的巢情，更清楚无比。

雏鸮已到离巢期，窝边无枝可依，雏鸮飞不能远，蹦不及枝，落地有狐。所以，二鸮只好铤而走险，趁天黑我要离开之际"唬、唬"吼叫"孩子"离巢。目的是让我帮它们把"孩子"放到安全的树上。两只听话的雏鸟，先后"飞落"下来。

想到这里，我不由得担心起第三只雏鸮……

心有灵犀能相通，鸟、兽皆有灵性，我深信不疑。许多感应或许人尚不知晓。

心里惦记那第三只雏鸮，天刚亮就起来，匆匆吃过早饭，直奔"大姑娘崖"去看究竟。

昨夜放到小松树上的两只雏鸮，已站在松树顶端的枝杈上，两眼炯炯有神地看着我。

大杨树上，长耳鸮的巢上空荡无物。

我找遍了附近的树木，没发现第三只雏鸮。内心自责，昨夜如果再多等一会儿……

数日跟踪观察拍摄，第三只雏鸮始终没有出现。对于找到它我已不抱任何希望。

然而，今天，6月18日的清晨，雏鸮离巢的第25天。三只长耳鸮的幼鸟，意外地同时出现在柳树枝头。它们亲密、玩耍，动作滑稽，憨态可掬，转动着卡通般的圆脸，以鲜黄色的眼睛注视着我。

第三只雏鸮躲在哪里，怎样被父母喂养长大的，我无从知晓。

可我隐约感知，三雏的集体亮相，有向我告别之意。是那对长耳鸮夫妻的良苦用心，呼唤"孩子"挤在一起，集体露脸，谢我送食之恩，让我看看它的孩子已长大成鸮，免得我忧心第三只雏鸮的存活。

感知是准确的，此后我多次去访，极少看到长耳鸮的身影。它们已隐入山林，寻找各自的生活领地去了。

三只幼鸮，同时露面，难得的告别仪式

2007 · 07 · 23

大山雀

衬雪

　　七月，旅游旺季。小山村里人来人往络绎不绝，每天都有数千人登山爬坡，踏草折花。

　　南山坡，登山必经之处，有棵大杨树，背面的树洞里，住着一窝大山雀。正值喂雏期，几次想拍，都怕暴露它的巢位，给它家带来灭顶之灾。

　　"林有鸣心鸟，园多夺目花。"（《春日诗》南朝梁·闻人倩）保护林鸟从我做起。

　　大山雀在繁殖，窝内雏鸟最少5~7只。若窝位暴露，被游人害的不是一只，必须保密。

　　今早，天晴无云，为躲游人，我4点到达那棵大树旁。刚架稳相机，镜头没等上仰。10多人唱唱咧咧地向山上走了，"老爷子，拍啥呢？"走在前面的人询问说。

　　"拍蚂蚁。"我随口应着。

　　好事者，蹲到大树根部，翻动陈旧的落叶，"哪有蚂蚁呀？有病。"说着起身追赶队伍去了。

　　他的举动让我后怕，万一暴露了那树洞，大山雀一家准没命。

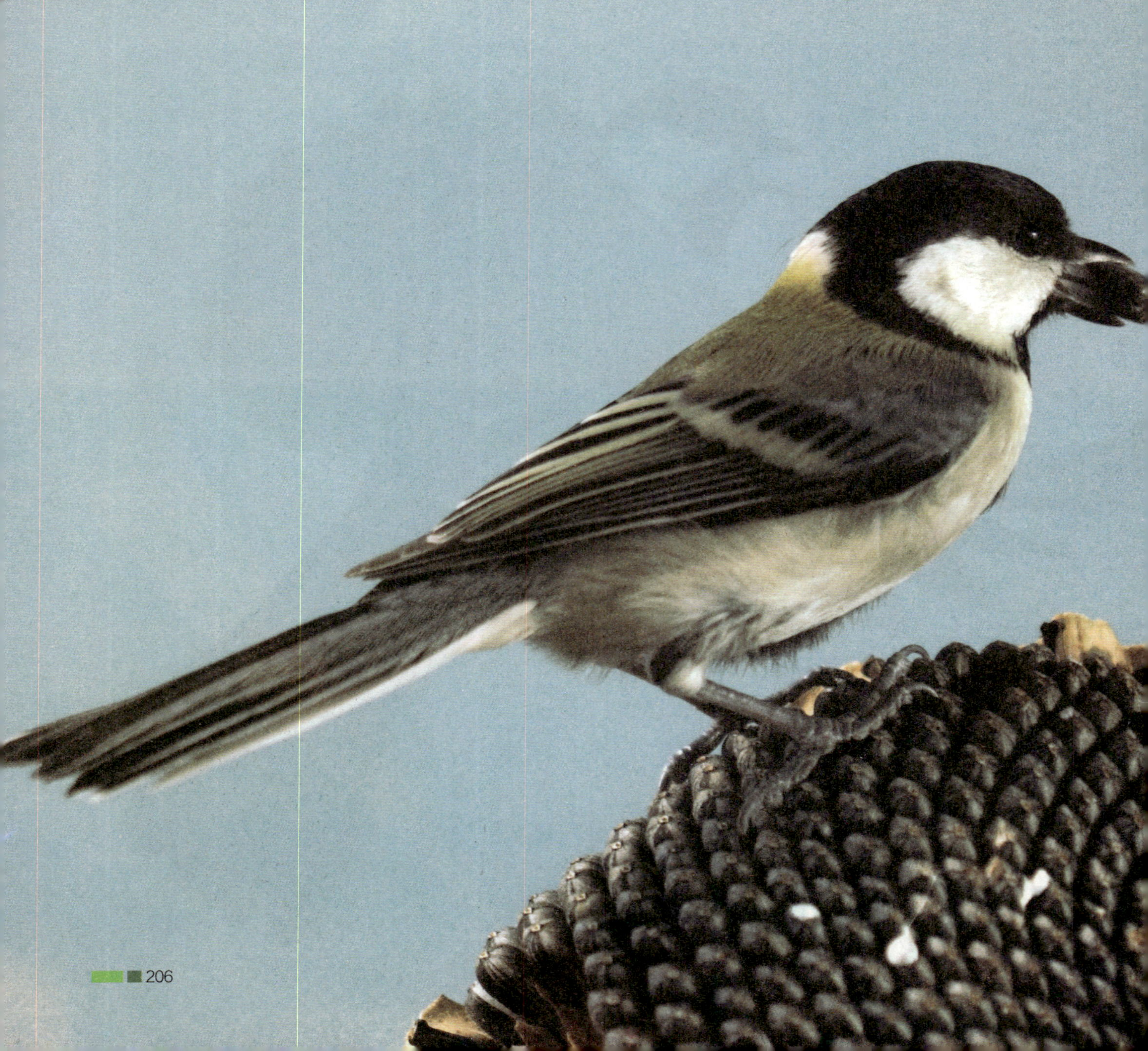

林间

我搬过相机，移坐在登山道的石阶上，想对策。

咦？大山雀！大杨树的根部，刚被翻动过的枯叶旁。镜头一顺"咔嚓、咔嚓、咔嚓"连拍3张，推开相机待看效果。

山下又传来欢歌笑语声，马上收机、缩架，起身离开。为了那树洞中一窝雏鸟的安全，我再也没敢带相机到那一带转悠。

为寻长耳鸮，2008年提前从海南回来。3月20号来帽儿山，找长耳鸮的踪迹未果。

进村访友，见他家的院子木栅栏上，桩顶积雪点点，有大山雀逗留。触景生情想起古诗"山鸟下空林，自啄茅檐雪"（《邦均野寺》清·允禧）。我把手中正嗑着的瓜子，放几粒于木桩的顶端，大山雀迅速飞来啄吃。

觅食

恩爱

孵卵

我问遍全村，才寻得一个没被搓下葵花籽的整盘向日葵，把它系在栅栏上吸引大山雀来啄吃，拍摄。

大雪封山数月，食物短缺，大山雀原本不太怕人，有葵花籽的诱惑，拍摄比较容易得手。

鸟飞鸟来逗我猜想，北方的寒冬，夜晚尤冷，大山雀夜宿何处？麻雀傍晚归檐，夜入巢。大山雀如以树洞为巢，空间小，当年成熟的年轻大山雀在哪儿过夜？

带着疑问，在好友家留宿一夜，第二天进山寻找答案。

深秋

育雏

北方，山林的三月，一冬的积雪原封不动地保存在那。到处是雪，深浅不一，可没足、过膝、齐腰。

幸亏有村民海波陪同，免去了很多麻烦。山坡野林，数月无人迹，野兔纵横足印深。找到几处树洞，似有大山雀驻足，却无法于夜间观察。

遛了小半天，从后山转回，在村北公路边的山坡，遇到一段空心的朽木枯干，斜倚在树杈间。反复观察，疑似有鸟进出之迹。

想看究竟无意回城，海波相留我不辞，在村内多逗留一天，接着拍大山雀。傍晚，两人喝酒谈天，不知不觉天已暗淡。山村无路灯，晚7点外面已漆黑一片。

食藓

争位

冬宿

我俩拿着手电，蹑足潜踪，悄无声息地迁回到那枯树干旁。我在夜色中调整焦距。

幸运的是天不算晚，公路上时有汽车通过，汽车灯光一扫而过的瞬间，树洞清晰，鸟形可见。

更有利的是，洞内的大山雀已适应了灯光的短暂照射。闪光灯、手电筒瞬间的给光，让我顺利地拍摄到大山雀冬季夜宿的私宅。

自此，每年十月一日至十月十日离开小村前的几天，我都做数个"树洞鸟巢"挂于林中，为北方留鸟过冬御寒及春天安家用。

2007·09·06

小小鸟儿

　　九月的山林，已步入初秋，天晴云秀，树冠鸟影悠悠，池水清透，沁人心脾。一种"山光悦鸟性，潭影空人心。"（《题破山寺后禅院》唐·常建）的意境。

　　南沟塘"苔石"观察点，几日没来，苔上鸟食全无。重新整理，撒上面包虫，坐进隐蔽棚等待发现。

　　似柳叶一飘而下，悄无声息。两只小小鸟，来到苔上啄虫，在我摆、插的枝间，吞虫、舞翅、跳飞。

　　镜头内细辨，是黄眉柳莺。小鸟，真小，比麻雀小多了。

　　在北方雀类中，麻雀，全长137毫米；黄眉柳莺，全长102毫米；戴菊莺，全长95毫米。黄眉柳莺在最小鸟类的排行榜中，倒数第二。它们轻盈秀小，活泼可爱，俗称"柳叶"。

此鸟常被人类捉到笼中，喂养观赏。

黄眉柳莺，活动于灌木丛及林梢中，动作极快，很难拍摄到清晰无遮挡的身姿。

7月，林丰叶茂之季，曾在高大的松树侧枝上发现过它们的球形巢。巢离地面五六米高，密叶遮挡无法拍摄。

也没想拍摄，那时游人多，一旦把它的巢暴露了，游人的弹弓会让它们巢碎子亡。

今天有幸近距离观察、拍摄到黄眉柳莺，心情格外高兴。随着快门的"咔嚓咔嚓"声，黄眉柳莺啄虫、叼虫、振翅、迎飞等多种动作均被我记录下来。弥补了没拍摄到它们叼虫回巢喂雏的遗憾。更有趣的是，拍到了一只戴有脚趾环的黄眉柳莺。

这只黄眉柳莺，曾被科研人员捉到过，可惜我不明白"环志"上的数字意思。不然，定会看出它的来处。

猜想间，天空中"叽喳叽喳"群燕的叫声由远而近。苔石上的鸟儿瞬间隐入密林。

原来是燕子驱赶雀鹰经过这里。我也收工回家。

松枝上飞来银白色小鸟

2007 · 09 · 10

松岗奇遇

　　九月，初秋的山林，天高气爽，山中无风，树叶纹丝不动，太阳照在身上暖暖的。在林中行走，心情格外舒畅，浑身舒爽。

　　村后北山的"松岗"观察点，是赏秋、拍鸟儿的好去处。走荒芜的古老运材道，经过"柳棱"刚进入后山。还没走多远，树丛后闪出一人让我绕行。经过辨认，来人是我住的小村中××家的亲属，在这张网捕鸟。

　　他们也认出了我，另一人手里拿着刚从网上摘下来的鸟，走过来，问我："这是什么鸟？"

　　我瞭了一眼在他手中转头扭身的鸟，"是蛇鸟，学名蚁鴷。放了吧！啥用没有。它吃蚂蚁，养不活！"

　　"留着吃肉"让我绕行的那人说。

　　"它肉味臊。"为救蚁鴷，我只好说谎。

"嗞、嗞、嗞"地呼唤同伴过来

松暖雀爱落

　　"给我吧，到那边松林，放在树上，我拍几张照片就放了它。"我说着伸右手向他索取。那人似乎有点不情愿，可还是把"蚁䴕鸟"交到了我的手上。他俩心知肚明，捕鸟是违法的。

　　蚁䴕，以昆虫为食，尤其嗜吃蚁类。不知它在网上被挂了多久？到"松岗"还有一里多路，我怕饿坏了它，走出"张网"区，就把它放到树枝上，任其逃生。

　　它也没客气，我刚一松手，它就展翅入林了。

　　甭说拍照，连影都没看清。

　　"松岗"是个向阳坡，北坡陡峭，崖下的落叶松林，树梢高出松岗有限，伸手可及。南坡较缓，树木参差茂密。

　　投食点观察台在两坡交汇处。岗上无风，阳光照在身上暖洋洋的，有一股酥松入骨的感觉。

　　放好各种饵料，无心进入隐蔽棚，离开投食点10余米，找棵大树靠坐在根部，半仰着晒太阳。沐着秋阳，赏着远山近林，心静如水，脑空无物。物

闲聊需有伴

我两忘，身化无形，融入自然，似飘、似流幻化于林中、草梢。

"吱、吱、吱——吱"几声细弱的鸟鸣声，把我幻化了的灵魂召回到有形的躯壳中。

真乃"野人无历日，鸟啼知四时"（《鸟啼》宋·陆游）。北坡崖下的落叶松枝梢上，几只"银喉长尾山雀"在暖枝上嬉戏、谈天。

我拿出"迷彩网"叠成双层，披裹在身上，慢慢匍匐前进到适当的距离，等待它们飞到我需要的松枝上。静卧一小时之久，银喉长尾山雀，终于向我所需要它们落的松枝方向靠过来。

我屏住呼吸，轻轻按动快门，顺利地记录下它们的飞姿与嬉戏的倩影。

说起"银喉长尾山雀"，我最早发现的是它们的巢。那是 2006 年 5 月初，入住小山村没几天。在村南边的小松树林里，两棵小松树间，有一个用蜘蛛网与苔藓、地衣、树皮、昆虫的茧丝胶固而成的，下大上细的椭圆形巢。侧上方的巢口呈圆形，用羽毛当花瓣粘成花形封着巢口。

当时并没发现银喉长尾山雀的踪影，也不知道是它的巢。5 月游人越来越多，那巢不久就被游人破坏了。幸亏我拍照下巢形留作资料，事后才弄清那是银喉长尾山雀的巢。

拍摄到银喉长尾山雀在巢口喂雏鸟，是 2015 年 6 月 9 日。6 月 6 日，应刚参加工作时的老同事之邀，到帽儿山游春。7 日清晨小雨纷纷，朋友们坐屋内打麻将。

亲鸟叼虫待喂雏

我爱赏雨中之景，也爱在细雨中散步，春雨不大，润润的，无风，正是沐雨赏春的好天气。打开带来的折叠自行车，淋着小雨，向我熟悉的山里进发。"冲风衣"上细珠点点，天空无云，有雨无滴，似雾有珠。

轻蹬慢行中，观山赏柳，土香草鲜，细品春雨，不知不觉快到"头号"（村名）了。离住处已有 10 多千米，再不回返，赶不上吃中午饭了。

自行车把向左一转，靠到回转公路的右侧，刚蹬几步，树上传来"吱、吱、吱——吱"的鸟叫声。好熟悉的声音，细辨是银喉长尾山雀。

双手一攥车闸，"吱"的一声，车停住了，左

巢窝独特极少见

脚点地，回头听看。

真的有只银喉长尾山雀，口里叼着虫子。我支稳自行车，退到公路对面稍远一点的地方，用望远镜观看（袖珍望远镜、小卡片相机，游玩不离身）。

在一棵枯树的枝权间，有一个由蛛网、茧丝黏成的巢，离地面不足5米，成鸟正在喂雏。雏鸟争食，头、嘴清晰可见。

这一发现让我愉悦、兴奋，记住巢位。骑车赶回住处，当晚坐火车回哈市，取拍鸟的专用相机。

8号午后，带上一应用具，由老伴陪同，到香坊火车站，乘两点多火车，赶往帽儿山。

9号清晨，天刚亮，雇"小军"的三轮车送我们去拍摄点。为了保密，离那巢还有百余米远，提前下车，说是去附近稻田水洼找鸳鸯。

5点钟太阳已升高，光线开始适合拍摄。公路上车辆很少，有车来时我就把镜头转向别方，免得暴露鸟巢的位置。

偶有好奇者停车询问，我遥指远处山边，"那里有野鸡……"

5点20分，巢上开始有光照，我一人架机守候，十几分钟的静止，鸟已适应我的存在（老伴到100米外散步）。

腹饥不忍食

入秋结伴行

224

长尾漂亮胫戴环

秋食腹易饱，闲来枝上聊

　　银喉长尾山雀，雌雄共同叼虫喂雏。每隔3~5分钟回巢1次。可谓："一雏引首接母虫，儿腹已饱母腹空。"（《钱舜举画花石子母鸡图》明·王淮）

　　凭经验判断，这窝小鸟破壳十天左右，再有五六天就能离巢出飞了。

　　必须在保证巢位不被暴露，不影响成鸟喂雏的情况下，尽快拍摄，一次成功。

　　喂雏期的银喉长尾山雀，累得羽毛不整，体瘦少翎，形象欠佳。

　　不到9点，想要的喂雏画面尽收机内。拍摄异常顺利，收机返回。

　　银喉长尾山雀的雏鸟留巢15天，不用细算，也知道它们的捕虫量相当大，对控制虫害起一定作用，是典型的益鸟。

　　它们尾羽长，显得大，其实，体型比麻雀小多了，是留鸟。娇小的身躯怎样熬过大雪覆盖的严冬，我不得而知。

　　现在松枝上的几只银喉长尾山雀，一哄而飞，入林不见了。

蚁䴕近照

孵卵期，洞外有情况，它探头扭脖仿蛇动作，然后出巢

蚁䴕鸟特有的长舌头，有黏液便于猎蚁

我想站起来活动一下筋骨，刚坐起来。

咦！身后斜坡下有鸟在动。

是"蚁䴕"！

我把披着的迷彩网，向上一拉罩住头折回身，向坡下爬去。原想下坡好爬，其实正相反，下坡把握不好容易翻滚。动静稍大，鸟儿早吓飞了。我控制着身体，以大树的根部遮挡着自己，一点一点地向下，向那鸟靠近。

终于蹭到了适合拍摄的大树根处，轻轻地顺过相机，把镜头探到迷彩网外，在树干的掩护下"咔嚓、咔嚓、咔嚓"记录着"蚁䴕"枯干寻蚁、枝上张望等动作。

还拍摄到了蚁䴕的眼部特写。其眼球上有一层胶质膜，与啄木鸟的眼部结构相似，啄食时兜住眼

嗜食蚂蚁成性

入洞喂雏，出洞叼屎

雏鸟已大，喂食多样

雏鸟到离巢期，为了逗引其离巢，亲鸟在洞口给食

亲鸟延长回巢时间，逼迫雏鸟离巢。雏鸟以舌舔食洞口食物残渣

初飞，翅弱少力，就近落在树干上休息

满载而归，雏鸟小以喂蚁卵为主

球，避免震伤。

　　近距离拍摄蚁䴕鸟的生活习性，是在2017年的7月9日，接到阿城影友电话，有蚁䴕在喂雏鸟。我与影友金芳正在"狗岛"上拍摄中华攀雀，听到消息，马上收起设备，一起开车去那片树林拍摄蚁䴕喂雏。车直接开到了那片树林里，老远就看到"长

枪、短炮"围着那树。那树好找，就是前几天拍摄啄木鸟喂雏的树洞下方。

　　无须隐蔽，直接架相机拍摄，我们离鸟巢的距离算是最远。这处蚁䴕巢是20天前拍摄"大斑啄木鸟"喂雏时，发现有蚁䴕在下方的旧树洞里出没。所以，找这树并不难。幸运的是我们只来了两次，

如果你有幸抓握蚁䴕鸟，它扭动头颈如蛇，甚是吓人

雏鸟出飞，先跳离洞口再展翅飞行

穿飞在林中的蚁䴕鸟

蚁䴕鸟的内眼皮，与啄木鸟的内眼结构异曲同工

就拍摄到了蚁䴕喂雏及雏鸟离巢出飞的难得瞬间。

蚁䴕每年 4 月迁来，9 月末离去。它们利用啄木鸟的废弃树洞为巢，每年繁殖一窝（8 枚卵之多）。在黑龙江和吉林省为夏候鸟。雏鸟 7 月出巢，在巢区附近由父母陪代两月有余，教其觅食御敌。逐渐练得体健翅坚，初秋南迁越冬。我盼望，来年春日此林中，再见蚁䴕展翅飞。可谓"莫道春来便归去，江南虽好是他乡"（《春雁》明·王恭）。

灰鹡鸰是水边常见之鸟

2008·05·06

灰鹡鸰

　　昨天，妻子想吃"刺五加"馅饺子。我上山采摘"刺五加叶"似乎有点累了，这不，天都大亮（5点）了还没睡醒。

　　窗外"zi-la—zi-la—zi-la"的鸟叫声，把我从梦中唤醒。真乃："春眠不觉晓，处处闻啼鸟。"（《春晓》唐·孟浩然）

　　"什么鸟叫？离窗户这么近。"妻子问我。

　　"黄三蹶子，在打情骂俏，可能要在附近筑巢吧。"我边说边拉开窗帘向外看。

　　我住屋的后窗外是4米宽的小菜园，园下是小河。常有水鸟嬉戏于园边河畔。有灰鹡鸰鸟儿，追飞鸣叫很正常。

　　"黄三蹶子"是俗称，学名叫"灰鹡鸰"。

　　在村里说学名，没人知晓。叫俗称，村民或许知道一二。

荷塘"精灵"藕上望月

　　乡村自古少文化，常见的鸟儿，依其特点起名传叫。灰鹡鸰是最常见的鸟类之一，故而俗称较多，每种都挺贴切："黄三蹶子"，它鲜黄的肚皮，细长的尾巴，在水坑边、河畔旁，一蹶趷、一蹶趷地追撵蝇虫；"车鹖子鸟"，很早很早以前，人类的运输工具是木制马车，木轴易磨偏呈鹖，轴上再少油，走起路来"吱吱"地响，与灰鹡鸰的叫声相仿，故名"车鹖子鸟"；"点水雀"灰鹡鸰爱在河边水域上空呈波浪式，一起一伏飞行，也爱落在水中裸石上，点动着修长的尾巴，所以又被俗称为"点水雀"。

　　灰鹡鸰喜水，常出入于荷塘、池边、溪畔，历代文人墨客也曾对它写诗、作画。

　　"落日秋水寒，霜空荷叶干。飞鸣不相离，双栖绿池间。"（《题秋塘鹡鸰》明·林环）

　　灰鹡鸰，我最初与其相识，是救助它的"孩子"。那是 2003 年 5 月 31 日星期六，我带着小孙女来帽儿山玩儿。

　　村口的小木桥别具特色；桥面是用数百棵杯口粗的小松树杆，并排铺摆成的。人与小车走在上面，有活动的木杆互相碰撞，发出"咯——咯——咯"的声音，为远山近水增加了许多古朴的韵味，是小孙女最爱去玩的地方。

　　正在桥侧撩水洗手，忽见有两只"黄三蹶子"在村口小男孩儿的头顶上空，狂飞乱叫。我俩好奇地凑过去，男孩儿右手托着一只羽毛基本长全的雏鸟，逗着玩儿。

我把被救助的小鸟放回巢，它身子瑟瑟地抖着

被我救助的小鸟四天后出飞了，落在柴垛上接受爸爸的喂食

水边散步觅食

三年同用一巢

捕虫归来待喂雏

小孙女央求我救救小鸟，我也想救它回巢。

经过一番交谈，知道男孩儿叫"二胖"，11岁，二胖同意一起把这只小鸟送回窝去。

鸟窝距此百余步远，就在他家后墙上的窟窿里。鸟巢已无形，只剩些枯枝乱草。据二胖说，发现时就这样，只有这一只小鸟儿。

那对亲鸟也跟了回来，落在电线上"zi-la, zi-la"地喊着，让把"孩子"还给它们。

我接过雏鸟，用随身带的折叠剪刀，把系在它腿上的线绳剪掉。把小鸟放回窝里。

一松手，它惊慌地扑棱着小翅膀，折出窝外。我急忙抓起，再慢慢放进窝中，轻轻抚摸它的后背，低声说："别怕，没事了，一会妈妈就回来喂你虫吃。"

待它颤抖的身躯缓解些，我徐徐抽回手，悄悄离开。

农村孩子朴实，说好给他10元钱的酬劳费，他又不好意思要了，我强塞给他，并让他帮着看护小鸟，别再被其他孩子掏走。他答应了，带着钱蹦跳着离去。

我拉着小孙女的手，坐在30米外的树荫下观察，等待。

两只灰鹡鸰不叫了。十几分钟过去了，那对灰鹡鸰也不知了去向，后院寂寥无声。

正欲犯困，突然，小孙女摇动我的手说："爷爷快看！"哇！灰鹡鸰叼虫回来喂雏鸟了。

为了确保这只"小黄三蹶子"不再被掏走，我在这村连住了四天。第二天中午，再次到那窝前，为它拍照，小黄三蹶子已经不太怕我了。

灰鹡鸰懂计划生育，年景差，巢位不当，只育两雏

它是"独苗"，食物充足，吃得饱长得快。第四天中午，在"父母"的呼唤声中，它飞出了巢。

就近，落在了二胖家的柴垛上，接吃"爸爸"叼喂的昆虫。小黄三蹶子，在柴垛上缓歇了一会儿，随着父母的引导，飞入小树丛中不见了。

自从救活了那只小灰鹡鸰，总想找到一处完好的灰鹡鸰鸟巢，看看窝内的真实情况，拍摄卵与雏鸟，能拍摄到灰鹡鸰孵卵或喂雏就更好了。

2004年5月22日，星期六，我只身骑自行车，行程一百多千米，来到帽儿山脚下，到我救过小灰鹡鸰的那个叫"小围子"的山村里寻找灰鹡鸰的巢。

因为没有经验，寻遍全村也没发现一处鸟巢。无奈中，骑上自行车，在山区的沙石路上信马由缰地走着。

在葡萄藤里筑巢的灰鹡鸰，干净利索，羽靓身姿美

公路边的树荫下，一位身着橘红色马甲的养路工坐那吸烟。我停住车，上前搭讪着……他叫韩××，负责这一路段的养护。

他还真知道几处鸟巢，以爱鸟为由，不肯说出地点。

唠来唠去，我终于听明白了，他是想要点劳务费。经过商讨，十元钱，他同意领我去看两处鸟巢：一是野鸭子窝；二是"车豁子"的鸟巢。

老韩领我看的这处灰鹡鸰鸟巢，筑在公路边的陡峭土坡上。坡下是公路的排水沟，站在公路边，离那鸟巢约两米远，我都没发现它的存在。

在老韩的锹把指点中，雌鸟逃飞出来，我这才看到坡面凹洼里的鸟巢。

心忱之余，我拿起相机，"咔嚓、咔嚓、咔嚓"对准窝内的卵连拍数张。

雌鸟并没飞远，就在附近的土坡上蹶跶着尾巴，等待我们离去。

一周后，我专程来拍摄灰鹡鸰孵卵，先站在鸟巢对面的公路边上。镜头中的雌鸟，身旁已多了一只雏鸟的小脑袋瓜。显然是窝内的小鸟刚出壳，怕冷，雌鸟伏在窝上为它们取暖。

架好相机，在过往汽车的干扰中（山区车流量少），一步步慢慢向前挪动。经过一个小时的努力，已能站在与窝同一侧的公路边上（离巢约2米）。镜头里，它那紧张的眼神清晰可见，我似乎听到了它的心跳声。它在张嘴深吸气，以此缓解紧张情绪。

我的心也提到了嗓子眼，真怕惊飞它。迅速取

景、构图、按动快门，不足一分钟便撤离了它的巢区。

五天的工作日很快过去，双休日，我第三次拜访那窝小鸟。脑海中憧憬着灰鹡鸰喂雏的场面，心急腿快，紧蹬自行车。

距那鸟巢还有一里之遥，就看见运送漂流游客的三台大客车，并排停在那鸟巢前的公路上。

一种不祥感涌上心头，我加快了蹬车频率，赶到近前一看，傻了。别说雏鸟了，巢都没了。

唉，人啊！

不对，严谨点说，是来这儿的人啊！怎么会这样？

三台大客车，拉运数百名漂流客。在众目睽睽之下，取巢之人完全无视拼命喊叫、上下翻飞着的灰鹡鸰父母，当众端掏有5只嗷嗷待哺雏鸟的巢。

端者任性，观者自然。

来漂流者，多是带孩子之家，他们可能是为给孩子玩，掏走鸟巢。可曾想到有人拐走你孩子的心情。万物虽异性，爱子均一情啊！

灰鹡鸰是水边最常见的鸟类。我自2006年入住小山村以来，专门观察与拍摄北方鸟类，遇到灰鹡鸰鸟巢的次数较多。适合拍摄的并不多。在观察拍摄中，发现灰鹡鸰夫妻持家，勤懒有别，有利用旧巢的习性。

勤奋者，用旧巢，也把巢内修缮一新。懒惰者，即使筑新巢，也是找个破洞、豁口，叼几棵枯梗、蔫草、苔藓，围一围就生卵，还多是"未婚先孕"。

灰鹡鸰勤奋的较多，葡萄藤里的这窝灰鹡鸰"两口子"干净利索，雌鸟每次回巢喂过虫，都认真巡

南迁的灰鹡鸰。冬季拍摄于成都菜地

视巢边，整理不规矩的草叶，清理污物。

看见有排泄的"孩子"，她马上凑过去，叼住刚拉出的屎飞走扔掉。再在水洼里漱过口，才去捕虫。

我说鸟类能根据当年的雨水情和巢区资源计划生育，你可能不信。

然而，我经过多年观察发现，鸟类确实有这个本能。如黄喉鹀（详见 2006 年 6 月 5 日文）。

灰鹡鸰也能预知当年雨水，依据环境资源计划生卵。2009 年，帽儿山一带春夏之季雨水多。这处筑在公路南坡的灰鹡鸰巢，上方的石块凸出小，对鸟巢遮掩少。

可能怕"孩子"多了不好养，下雨无法遮护。雌鸟生两枚卵（正常 5~6 枚）就开始孵化。

拍摄中发现（未动窝前蒿草），中午天热，雌鸟回巢为两个"孩子"遮阳尚有难度。如遇大雨，巢内雏鸟多定然无法顾及，想喂养长大就更难了。

当年雨水多，它们属晚成鸟，雏鸟破壳身上无毛，得亲鸟伏巢上为雏鸟御寒防暑。雏鸟到4日龄后，父母才敢同时离巢外出觅食。

也许是因为它初做鸟母，首次安家，选址筑巢位置不当。

无论哪种原因，都足以说明它们懂得根据自身能力结合自然条件，控制生育数量，有效繁衍后代。

池边荷趣鸟悦人

2008·05·17

花尾榛鸡

花尾榛鸡是学名，知晓的人并不多，要提"飞龙"，北方人可不陌生。

"人言此物真奇特，同是山禽不一格。"（《四禽图》明·李东阳）想拍摄飞龙的巢、卵及孵卵中的飞龙，一直是我的心愿。

今天天气好，在院内修整"淋浴棚"，站在梯子上全神贯注地拴绑着"太阳能热水袋"。

"老周头，有飞龙窝去拍不？"

突如其来的一声招呼，吓我一愣。

顺音瞧看，院门口一个骑摩托车的人，单脚点地，仰头看着我。原来是护林员小李。

尾花如扇

雄鸟登高

"在哪儿？"我边下梯子边问。

"在三马架，一会儿吃完午饭我送你去。"话音未落人已走啦。

"好的，谢谢。"我拱手致谢。

坐在院内茶桌旁，晒太阳的房东大哥（83岁）示意我坐下喝茶。

"大哥，三马架在哪儿？我怎么没听说过。"

房东大哥放下茶杯，语重心长地说："是日本侵占东北时，盗伐红松的地方。离咱们这有30里路程。那是原始红松树林，最粗壮的一棵，'倒套子'（把采伐下的树拉到搬运点）时，一匹马拉不动，套上了三匹马才拉下山去，从此，那地方叫三马架。"

为了说明那树的粗大，他补充说："正常的，一匹马能拉一两棵。一匹马只拉一棵树，那树已是够粗大的了，树龄也得过二百年。"

愈神秘愈想早看到，吃过午饭便去找小李。

一小时后，我们到了三马架，在小李的指点中，我看到了在大树根部孵卵的飞龙。飞龙的羽色与周边环境非常吻合，他不指点，我就是走到离飞龙两米远处，也难以发现。

在飞龙能容忍的距离内，我慢慢

融入环境

端起相机，快速按动两下快门"咔嚓咔嚓咔嚓"，然后收起机器，缓缓退回。

小李问："拍完了？"

"拍完了！"

看到他一脸狐疑的样子，我接着对他说："我得自己来拍，现在静不下心，容易惊动飞龙。"

回来的路上，我认真细致地记着行走路线。其实没有路，选较矮的草丛蹚走过去而已。在关键的转弯处做些自己记得的记号（记号明显了，易被"蹚山人"追踪到孵卵的飞龙巢）。

第二天早晨，天晴日朗。吃过早饭，我带上必备用品，骑轻便摩托车，向三马架进发。

到了2号桥，开始下公路。我将摩托车向树林中推了50余米，靠锁在一棵树旁。

背起自做的迷彩背袋，内有隐蔽篷、摄影包、三脚架、水与食物。我上身着迷彩服，下身穿条补了三层的厚牛仔裤，右腿外侧，挎着一把半米长、10厘米宽的厚背砍刀。

这把砍刀，对我来说，是天赐之物；进山的第一个春天，去南沟塘拍"三道眉鸟"，在一块大石边捡到的。据说是林场的专用砍刀。

晨昏之际我曾去那里等过失主，也问过村里人，无人丢失（村里人对谁家的东西彼此都认识）。

为携带方便，我给它做了刀鞘。

这把砍刀为我独自进山增添了勇气与胆量。

我右手握着砍刀，沿林缘向"无人区"边走边搜索适合做"梭拨棍"（扣山用的探棍）的小树。选一棵鸡蛋粗，较为挺直的小树，两三刀砍下，截取约两米长（比身体稍高）。把枝杈、斑、节削平，以手在上面来回滑动不刮为好。这就是我只身进山用的护身符——"梭拨棍"。

"梭拨棍"是我在"花砬子村"采访102岁老人"尚老道"时，向他老人家请教得知。"梭拨棍"是只身进山必备工具。过溪流它是手杖，涉沼泽它可探深浅，走草地它能惊蛇，遇山牲口它是武器。

尚老道嘱咐我："干树枝脆，易断。必须现砍树，鲜木棍有弹性，遇山牲口攻击，拿出使长枪技巧（中国武术），直刺它的眼睛。"

卵多巢简

眼睑上合

与我对视

卵少巢精

他年轻时，用"梭拨棍"曾多次击败过狗熊、野猪。

收好砍刀，手持"梭拨棍"瞪大眼睛寻找昨天留的标记。竖起耳朵倾听风中的可疑声音，壮着胆子走向目的地。

昨天与小李同来，这段路没感觉这么远，今天怎么干走不到？

耳边传来溪水声，脑中想起尚老道的教诲：溪水边常有山牲口饮水。遇溪，"扣山"（敲打树干或石头），能吓跑山牲口。

我抡起"梭拨棍"，照着身边的大松树干狠狠地打了三下。"嘭、嘭、嘭"的声音在林间传响，

100米之外都能听到。

小溪的最窄处只有三步宽，中间的两块石头，是我们昨天垫上去的。

跨过小溪，沿着山坡上行百余米，一片平坦的耕地展现在眼前。南北有一里多长，东西向的地垄，不足百米长，四面环林。

昨天还有人在这儿拉"滚子"种地，今天却空无一人。这更让人心中没底，感觉空旷无援，心里发颤。飘下一片树叶，都吓出一身冷汗。

硬着头皮，沿着地头的林缘走着，寻找昨天穿过这片耕地时的那个垄沟。地对面是茂密的灌木丛，走错垄沟无法进入对面树林。

卡在地头树杈上的石头，标记明显，很快就找到了那个必走的地垄沟。穿过耕地，走在灌木丛的缝隙中，枯草齐腰，新草没脚，灌木过人，乔木遮天。"嚓、嚓"的脚步声，自己吓着自己，半小时后，眼前的天空开阔了——三马架。

三马架，这片后栽种的林地，树木稀疏，树身不高。地面新草尚矮，多被歪倒的枯草覆盖着。

各种兽粪随处可见。成片的蕨菜从枯草缝隙中钻出，预示着人迹少，兽迹多（人采蕨菜）。周边是高大茂密的混杂林。恐惧之心，绷紧的神经，被这块视野通透、易看清周围动静的地形缓解了许多。

"腾"的一声，蹿出个"庞然大物"。脑袋"嗡"地空了，瞳孔胀大，眼前只见黄白两色上下晃动。腿一软，"梭拨棍"险些脱手，用力一拄，身子没倒。眨眨眼才看清，是只狍子蹦跳着钻入林中去了。

吐了口长气，背靠树干调整气息，收拢散神。

貌似鸡雏

雏鸟已大

250

定睛寻找密林边的那棵大树，根部就是飞龙巢的所在地。孵卵的雌飞龙性格温顺，容易接近。

鸟儿是有性格的，脾气好坏，胆量大小各不相同。遇到这样一只胆大、温顺的孵卵飞龙是我的运气。

拍鸟儿，近是硬道理。

在慢慢靠近的过程中，我尊重它的感觉，观察它的反应；一步步，一点点向它挪近。它的眼神稍有不适，我便低转镜头，慢慢退回原地。

让它逐步适应，理解我无害它之意。反正是"两个人的世界"，不急，慢慢来。

当我第三次来这里，已可在离它二三米处，架相机，俯瞰、平视等不同角度，拍摄它孵卵。甚至可用"梭拨棍"挑开影响拍摄的蒿草，拍后再轻轻拨回。

初雪鸟蒙

雌鸟远眺

内眼膜薄

尽管这样，我每次拍摄完（3~5分钟），都慢慢地轻轻地撤回到10米以外，坐在地上，纹丝不动地观察它孵卵。

飞龙孵化21~25天，雏鸟方能破壳。母鸡孵小鸡才21天。

飞龙属早成鸟，雏鸟破壳全身已长满绒毛，绒毛干了即可走动，数小时后就能随母亲外出觅食。

所以，雏鸟破壳的时间不能相差太长。

为此，在生卵期间，亲鸟无论白天、夜晚都不能回窝伏住。得等卵生齐了（6~16枚），雌鸟一起开始孵化。

孵卵是雌鸟的事，雄鸟不参与孵化。雌鸟一孵就是20多个日日夜夜，饿了，趁晨昏期间危险小，离窝外出觅食。

每次离巢不超过20分钟，不管吃没吃饱，都得赶紧回巢孵卵。离巢时间长了，卵内胚胎容易被冻死。

冬季食物

回到巢上，它先趴在窝上，轻轻晃动身子向下偎伏，让卵尽量全部贴到它的胸脯。翅与尾的羽毛被窝帮向上托起，羽毛之间接触更加严密，连蚂蚁都无法钻入毛内。

为让卵受热均匀，雌鸟得经常用喙翻动卵，约从第 18 天起，翻动卵时还得"喔、喔、喔"地轻声对卵进行胎教，让卵内的胚胎逐渐熟悉它的声音，听懂它的语意。

到了第 21 天以后，边胎教边细心倾听卵内回音。如有叫声，它便鼓励"孩子"用力啄破蛋壳……

从第一只雏鸟破壳出来，大约 12 小时之内，整窝卵全变成了毛茸茸的"小鸡雏"。"啾、啾、啾"地嚷着向妈妈要吃的。

窝内如果还有卵没有动静，雌飞龙则视它为寡蛋（没受精的卵）或死卵。丢下不管，带领全体雏鸟离开巢窝，去草丛中隐蔽、觅食。

雌鸟"喔、喔、喔"地轻声叫着，引导雏鸟到昆虫多的草地谋生。一旦与人类或猛兽相遇，雌鸟边大声"喔、喔"鸣叫，边逃飞，雏鸟们听到叫声，迅速四散奔逃，钻入草丛伏下隐蔽。待危险过后，雌鸟再回来召集雏鸟。

雌飞龙带着孩子们一边走，一边找昆虫吃，在实践中教会雏鸟识别食物，躲避天敌。

飞龙雏鸟的破壳旺季在6月份，此时，各种昆虫的幼虫繁衍旺盛，分布极多，草梢、叶根、茎、蔓，到处都有。

雏鸟们吃得饱长得很快。3周后能飞起，1个月后体重可增加五六倍。9月份能达到成鸟体重，逐渐离开妈妈，开始3~5只成群分散觅食，为越冬积攒体能。

夜宿枝头

精心喂养

受宠有佳

初冬的第一场雪，对于飞龙是致命的考验。2006 年 11 月 12 日，帽儿山一带下了第一场雪，约 2 厘米厚。

我去沟里（山里村庄的简称）赏景、观鸟。村里的一位"猎人"，颇不情愿（怕学，怕说）地带我去"遛趟子（下套子的地方）。

还真遛到一只被套住的飞龙，刚刚死去，身体软软的尚有余温，只差一步就可见到活飞龙，非常惋惜。

"故乡亦是惊魂地，只恐山禽尚未知。"（《闻鹧鸪》清·赵俞）它那漂亮的羽毛、红色的眼皮，冠羽和嘴下的护羽很别致。不像以前见过的死飞龙，羽色黯淡无光，身姿不雅。

它更勾起我一定要拍摄到活飞龙的欲望。于是，回城后我到小兴安岭一带的朗乡，求朋友帮忙引荐，向住在"达里"（小村）的 92 岁老猎人"乌吉"请教寻找飞龙的经验。

老猎人身硬气朗，思维清晰；听说我为寻飞龙而来，开口就说："那东西越来越少，禁不起打了。"

谈起打猎，他兴奋不已，记忆犹新，却只说獐狍野猪，不提飞龙之事。

朋友只好重新一字一板地向他介绍说："我这个朋友是为了写保护飞龙的书，向您求教怎样找到飞龙，给飞龙拍照片。"

老人点头，憨笑着伸手与我相握，语重心长地说："马永顺前半生伐树，后半生栽树。我前半生打猎，后半生得保护它们了。不然要绝种了。"

"杀生不好，万物都有灵性，这不，我只剩个孤老头子了。还得靠政府养着。你好好写，让更多的人明白祸害动物不得好报。"老人颇有感触地对我说着。

他的口语山村野味很浓，仔细辨听还是能明白的。我点着头，拿出拍摄的鸟类照片给他看。

他高兴地拿着"蓝点颏""红点颏"的照片说："这鸟儿好多年没见了。"

"老人家，你喜欢就多留几幅。我有底版还能洗。"我说着，把全部照片塞到他手里。

他相信了我的诚意，拍拍我的肩膀说："小伙子（那年我60）你有鸟缘啊。昨天晚上下雪，一只飞龙，雀蒙眼，撞到我的后窗户上。"

老猎人转身去炕梢，掀开扣着的大条筐。一只雌飞龙蹦跳着想逃飞，却因一条腿被拴，未能得逞。

"它（飞龙）的尾部被山狸子抓伤了，无大碍，养个三两天就好了。你拿回去养几天，拍照完送到山里放了吧。"老人手托飞龙说。

我双手合十向老人家鞠躬致谢。"飞龙气大不吃食，养不活。"我解释说。"那是谣传，我告诉你秘方，不许外传，免得飞龙遭殃。"他顺手从墙角抓起一把……我一看明白了，这浆果，山里好找啊。飞龙冬季爱吃这个，山里常见。

我用纸箱装走了他的飞龙。

到家打开纸箱，飞龙安然无恙。小孙女看到飞龙非常高兴，执意放她屋内喂养。

"飞龙是野禽，冬天不怕冷，适合放凉台喂养。"我告诉她说。

小孙女主动当起专职饲养员，还从楼下抱回一些树叶，为飞龙营造自然环境。

在实践中，小孙女选飞龙最爱吃的红色浆果喂它。

第二天傍晚，小孙女手里举着一束红果对我说："爷爷，您再去山里采摘点这样的红果呗。"

为了让飞龙尽快恢复体力，我"奉命"再度进山采摘浆果。采回来的红果，足够飞龙食用一周的。

小孙女对飞龙呵护有方，轻易不让别人去凉台打扰。飞龙对她也分外友好，竟然落在她的臂上、肩上进食，更有甚者，小孙女把它放在自己的头顶上喂红果。

飞龙在我家被精心喂养一周有余，体力和羽色恢复很快。该放归山林了。

小孙女也明白飞龙不能长期喂养的道理。

拍过纪念照，把飞龙装入纸盒箱，坐火车再度拜访"乌吉"老猎人。

当着他老人家的面（老人的家靠山边），我走到林缘，打开纸箱，让飞龙飞归原本属于它的那片森林。

老人很激动，拉着我的手说："像你这样守信用的人太少了。"执意让我在他家吃完饭再走。

闲聊中老人向我介绍了很多飞龙的生活习性。

冬天，飞龙有哪些觅食习惯；黄昏之际找幽静的灌木丛，蹲在树枝上过夜。"山禽尽日怜幽致，争拣寒枝趁晚栖。"（《疏梅寒雀图》元·王恽）雪大的时候，飞龙会从高树上跳下一头扎进雪堆里过夜，雪窝外不留一丝足迹。

临走前，老人家特意为我做了个"口哨"，教我学吹雌飞龙的叫声。直到我学会了，才让走。

日后，我拍到诸多花尾榛鸡（飞龙）倩影，都得益于"乌吉"老人的真传。

谨以此文、此片纪念与感谢他老人家。

飞龙，正如老猎人所说，越来越少。它孵化期长，又正值采山野菜旺季，人迹边野谁见到鸟卵都拿。偶有几窝存活，冬季只要有飞龙足迹的地方，几乎都有套索，熬到春季所剩无几。

花尾榛鸡——飞龙，稀有珍禽生存难。

友谊情深

草隐身形冠羽美

2008·05·25

云雀

云雀！

昨天从"三马架"回来的路上，在"头号"附近的开阔草甸子的上空，看见了一只正在悬空鸣叫的云雀。

云雀，爱在草原上空旋飞，"嘀溜儿，嘀溜儿"地鸣唱声，把草原闹得春意盎然，繁花闪烁。它们是名副其实的草原歌手。

三马架的飞龙孵卵，数日同姿，卵色未变，雏鸟十几日内不会有动静。天天蹲守对飞龙也有打扰。

去拍云雀！

去云雀多的地方拍摄，易找好拍，或许碰到性格温顺的，近拍特写，岂不美哉。

去草原！去大庆的杜尔伯特蒙古族自治县境内的"北极岛"，看老友，拍"讷嘞"——云雀。

老伴也想回哈，我俩同乘一趟火车，从帽儿山上车，经由哈市到达泰康车站。

高飞展尾露白翎

地面行走爱远眺

"北极岛"在泰康境内，是私家旅游景点，生态环境保护好，鸟类多。游人集中在池、桥、湖边及餐厅与荷花塘一带。岛北沙土草原面积大，无人涉足，云雀爱光顾那里。

云雀，依其习性、羽色，俗称较多："叫天子"，"轻捷的叫天子（云雀）突然从草间直窜向云霄里去了。"（《从百草园到三味书屋》鲁迅）；云雀的尾羽两侧有白翎，古人又称"白翎雀"，"乌桓城下白翎雀，雄鸣雌随求饮啄。"（《白翎雀歌》明·张昱）；"天鹨""朝天柱""阿兰""告天鸟"；黑龙江人叫它"讷嘞"（满语），夏候鸟。

三五只云雀停悬在不同高度"嘀溜儿、嘀溜儿"地唱春。镜头无法对准任何一只飞雀，只要镜头稍一瞄向某只悬飞的云雀，或直线拔高100余米，或偏移别飞100余米。

更有趣的是，它们不论在什么高度，30米、50米、100米，都能突然垂直下落到地面。

你追到它的垂落点，却什么也发现不了。"平沙无树巢弗营，雌雄为乐相和鸣。"（《白翎雀》元·萨都剌）

云雀落地不再出声，顺着草棵急走，很快隐入与它羽色相同的草丛。即使叼虫回巢喂雏鸟，也是离巢几十米远落地，在草丛中串着回巢。避免发现它的人跟踪找到巢位。

对待聪明的鸟儿，就得用聪明的办法，不然它怎会让你近距离拍摄。

巡视四周，找一处稍有倾斜的向阳坡，寻来些枯草做隐蔽物。在附近撒上面包虫。依坡就势仰面躺下，用枯草把自身苦盖严实，只露镜头看天。

想得好，隐蔽融合得与环境无二。鸟总得适应一会才能来吧。时间稍长，相机端不住了，手一软，偏向头侧。

这儿，不用担心安全与遗失相机，心里放松，春阳晒暖，不知不觉已入梦乡……"咯—喔喔"突然听到公鸡叫。似云游进了村庄，揉揉眼，才反应

孵卵育雏巢隐蔽

悬飞骤停垂直落

站立鸣叫极少见

过来，原来是手机的电话铃声。

电话里"范岛主"让我回去吃午饭。收起电话，凭经验，最后的观察可能收获最大。慢转头，细查看，从草缝中看周围动静。

嗨！还真的来了，在地面奔走、眺望、啄虫儿。当我把镜头转向空中，拍摄云雀悬飞动作之时，"嘀溜儿、嘀溜儿"的叫声，伴着翩飞别处过程，它"报了警"。

啄虫儿的不见了，飞远了。

到了餐厅，菜已摆好，人已坐齐，只等我一人，不好意思地向各位拱手致歉。朋友们看过我拍得"讷嘞"纷纷说："拍得好！等得值。"

吃过午饭，朋友开车带我去"굠奈湿地"，说那里发现一窝"讷嘞雏鸟"。

小鸟破壳三四天，身上刚现绒毛，不宜打扰。

窝位在路边，只要架相机，就会被路人发现。

手持相机对窝内雏鸟拍照留念。之后再把拨动过的草恢复原样撤离，让"讷嘞"自由喂养雏鸟，不会被外人发现。

云雀与百灵十分相似，鸣声清脆婉转，悠扬多变，且能模仿其他鸟类歌唱。是著名的笼养鸟类。所以"人见人爱"，一旦暴露窝位，雏鸟必被掏走无疑。必须放弃拍摄！

"讷嘞"喂雏不能拍摄。起身步入湿地，漫步于十数里的栈道上，另寻新鸟。

雏小莫拍免打扰

衔虫回巢警惕瞧

2008 · 05 · 26

白翅浮鸥

成鸟蹿飞报警

"珰奈湿地",我初次走在它的栈道上,感觉水域宽阔无垠,苇丛浩荡。头顶鸥鸟成群,翻飞鸣叫,吵得湿地沸沸扬扬,生机盎然。栈道曲折迂回伸向远方,隐身芦苇荡中去了。

行约三四百米,在一处鸥鸟成堆的地方驻足。在朋友的指点中,我认识了"白翅浮鸥"与"须浮鸥"。

举机追拍了几幅飞鸥,望着眼前水面上忙乱的鸥群,感觉人多、鸥乱难以静心拍摄。我们退出了鸥的巢区。鸣声渐远渐小,水面恢复平静。空中偶有鸥来鸥去,"戛、戛"几声,彼此打着招呼,似乎通报着我们走了。

回走中暗思量,鸥鸟飞鸣,是因我们入侵了它的领地。"江浦寒鸥戏,无他亦自饶。"(《鸥》唐·杜甫)现在拍摄定会影响它们筑巢繁衍。

正好一位朋友回县城上班,我也跟车进城,坐火车回哈。待鸥鸟孵卵与喂雏之际,再来隐蔽拍摄。

6月22日,接到"珰奈湿地"管理员的电话:"鸥已到孵卵末期,有的雏鸟已经破壳。"我带上一应装备,再次赶往"珰奈湿地"。

在朋友的精心安排下,我住进了看守栈道的门卫室,替更夫"守夜值班"。

栈道的门卫室是座孤立的小房,一铺小炕连着锅灶。

朋友问我"在这能否将就住?"我赶紧回答:"太美了!有房住、有火炕,离拍摄点几步之遥。对我这钻山卧林的拍鸟人来说,比五星级宾馆还舒适。"

安排就绪,他忙他的,我熟悉我该熟悉的环境。房前是木板栈道入口,更夫主要看护栈道,防止夜

孵姿遥控拍摄

衔蝗慢品尝

受惊雏离巢

间有人进入；房右是开阔的湿地，无路可走；房左
是景区售票处，离此不远，得走15分钟，夜间无人；
房后是开阔的草甸子，数百米之外可隐约看到人家。
这儿与人家之间，隔着一条带状凸起草岗，那是埋
死人的坟茔，高低不一的圆冢。圆冢旁有三五个高
大黑暗的似人影之物，望远镜中看出是矗立的长条
墓碑。

收镜揉眼，几只白翅浮鸥在草甸中低空飞翔啄
蝗，取来相机架拍。鸥越飞越近，越近越想拍，越
拍越上瘾，不知不觉天已暗淡下来，鸥回巢我进屋。
一拉灯线开关，没亮，翻出小手电照看，灯丝完好，
是停电？屋内有蜡烛无火柴（我不吸烟）。

掏出手机打电话，号刚拨全，手机没电了。屋
外灰蒙蒙一片，天色越来越暗，旷野中只我一人。

水面微光一闪，"啪"的一声，鱼跃溅水花，

归巢喂妻儿

傍晚群鸥捕蝗

除了吓人没有别的感觉。虽说万籁俱静，却偶有虫鸣蛙啼。回屋关门才发现，门扣是用一弯钩勾在门框上一枚转动的钉子上。象征性地扣着，风稍大，一刮门就开，没有安全感。万一有人突然拉开门，万一那门突然自开，无人，更吓人。

一束灯光伴着"噗、噗、噗"的摩托声，由远而近，是栈道工作人员大康派人骑摩托车给我送火柴来了。人刚走，电来了。

吃过饭躺在炕上，想着明天拍摄计划，听着风声，看着屋门，想着那坟茔地。刚刚入睡，"嘭、嘭、嘭"有人敲窗户，借着户外天光，一披散头发的女人头映衬在玻璃窗上。仓皇中伸手去摸靠炕墙的镰刀（更夫留给我壮胆用的），颤抖着拉亮了灯。那女人怕我听不清楚，脸紧贴在玻璃上（鼻头都压得变形了）喊："我是更夫老于的姑娘，我的傻弟弟来过没？"

夜黑，荒郊野外无人迹，房后是坟地，一女人趴窗，谁都心慌。我连比画带喊，示意没见过。她也没拉门，看来她真是更夫的女儿，知道那门一拉即开，进来不好。

她走了，欢蹦的心缓解些，再也没敢关灯，下地把隐蔽篷拴到门把手上，加固安全系数，安慰恐惧的心。躺在炕上总感觉窗外似有影动。

不知何时睡着的，睁眼已是3点半。天

珰奈第一"枪"

已放亮，整理装备，背的拿的带齐了。推上房门，挂上锁头（更夫交代不用锁，便于他来），避免门被风刮开。

步入栈道，到选好的拍摄点，支开篷，入内隐蔽架机准备拍摄。湿地的清晨格外冷，多亏小暖壶有热水，帮我挨到太阳升起。鸥鸟开始活动，叼鱼虾回巢喂雏、叼草修整巢基、孵卵的、喂雏的，都在摄程之内。镜头里全是须浮鸥，白翅浮鸥在芦苇后面无法拍到。

有人过来了，我点看手机，已8点多，游人越

浮巢卵易寻

训子啄吃蝗

来越多，影响拍摄。收工回去做早餐。

白翅浮鸥比须浮鸥惧人，三五成群连片筑巢。一鸥发现情况，马上起飞鸣叫报警，群起而哄之，孵卵的也腾空鸣叫，无法近距离拍摄。

直接拍摄白翅浮鸥孵卵，是不可能的事。我想起了"遥控拍摄"，请管理员大康助我支船靠近白翅浮鸥的巢。近距离观察，它的巢是用水生植物筑成，下宽上窄的圆台状。深入水下约 50~60 厘米，虽属漂浮巢，却因与周边水生植物掺连无法远距离移动。卵 3 枚，褐色。

选准位置，迅速插稳 3 根竹竿，绑住相机，调整准镜头位置与对焦点。试用遥控开关，一切就绪，慢慢地轻轻地一点一点地离开那巢。动作稍大一点，水动波移巢位漂偏，相机将无法聚焦孵卵之鸥。

静坐工作棚内聊天喝茶，十数分钟点按一下遥控开关。吃过中午饭，取回相机，拔走竹竿，让那里一切恢复如前。

还好，拍摄到了几幅白翅浮鸥的孵卵姿态。

拍摄任务完成，告别各位朋友，打车去"北极岛"，会友聊天、拍摄"斑翅山鹑"。

8 月 2 日，再次接到"珰奈湿地"电话，鸥的雏鸟已长大能飞，成年鸥开始空中旋飞喂食。乘火车到了泰康，朋友到"珰奈"办事，顺路送我，并把他的"640 镜头"借我使用。

"湿地"工作房的南侧栈道是孤端，无游人涉足，鸥鸟成群落栏上。草亭内架相机，日晒不着，微风送爽，伴着景区播放的轻音乐，静候鸥鸟翩飞着落到前方的栏上，嬉戏，喂雏。两种雏鸥的身姿、体态、羽色基本相同。亲鸟叼鱼、衔虫飞来，都能准确喂给自己的"孩子"。我只有看到成年鸥喂食，才能区分哪是白翅浮鸥之雏鸟，哪是须浮鸥的孩子。不论哪种鸥，教子都很严格，让雏鸟抻脖吃得不敢仰头吞。

悬喂飞技高

白翅浮鸥多捕蝗虫喂雏鸟，须浮鸥常叼小鱼喂雏鸟。天朗鸟欢，动作多，镜头优秀，拍得过瘾。如诗曰："闲情依钓艇，野态集渔梁。我亦忘机者，相亲共此乡。"（《鸥》清·汪士慎）

16点了，收机撤退，到值班房等候，朋友来车接我回县城。窗口数鸥闪过，一帮白翅浮鸥向草甸飞来。提起相机奔向屋外，支架相机之际，十几只一群、几十只一帮的白翅浮鸥在草梢间"点头"（吃蝗虫）穿飞。夕阳中可清晰看到它们在捕蝗虫。

我曾看过文字记载，白翅浮鸥成群捕蝗，对控制蝗灾泛滥有很大作用。今天的拍摄，让我深信不疑。白翅浮鸥是蝗虫克星。

吃错方法娘不饶

2008·06·23

须浮鸥

　　观察拍摄须浮鸥与白翅浮鸥几近同一时间开始。初入"珰奈湿地"，举机拍摄飞鸥的第一"枪"，摄到的是白翅浮鸥飞版。故先叙白翅浮鸥，后写须浮鸥之事。

　　"乍依菱蔓聚，尽向芦花灭。更喜好风来，数片翻晴雪。"（《戏鸥》唐·钱起）

　　须浮鸥，集群筑巢，营巢于水草的堆积物上。雌雄鸟轮流孵卵 19~23 天，雏鸟虽属早成鸟，因生活在水上，破壳后 1~5 天仍需亲鸟在巢上伏雏，为其调节体温。此时，偶有入侵者，一鸥报警，群起攻之。胆大者直冲你面门而来，至近前突然升高，掠头顶而过。群鸥在巢区上空翻飞鸣叫，驱赶入侵者。雏鸟在亲鸟离巢后，躲入水中枯草隐蔽。刚破壳的小幼鸟也蹒跚着离巢入水，长时间浸泡对幼小雏鸟伤害极大！消耗体能过多，日后很难成活。

浮巢水上漂，时时需加固

雏小母护温，仰头唤夫归

得鱼喂娇儿，母饥不忍食

成鸟齐升空，鸣叫又俯冲

偶有入侵者，挺身迎面袭

为此，在"珰奈湿地"，我在晨光放亮前，到栈道上潜伏于隐蔽篷中，待天亮后偷拍它们在自然状态中的生活。

须浮鸥群栖，爱仔，只爱自己的孩子。雏鸟偶有误入邻居巢边者，定会遭到巢主叨鸥；成鸟之间，常因孩子发生冲突，大打出手。

被人惊动的雏鸟，急于隐蔽，离巢奔逃易错路，危险解除，为及早脱离水泡，常回错巢，亲鸟不容，成鸟之间掐架也就司空见惯了。

没经验的拍鸟人，以为此时的鸥飞有动作，可拍性强。岂不知，这正是由拍鸟人的入侵与打扰造成的。

2014年8月19日晨，"狗岛湿地"观光路东侧水域，鸥鸟飞鸣。叫声急促嘈杂，外出捕鱼的鸥鸟也急速往回赶飞。有事发生，骑自行车看景赏鸟的我，急速蹬车前往。

那里有须浮鸥孵卵，我早已知晓，曾在下午（顺光拍摄，适合隐蔽，鸟不易发现镜头）利用道边的蒿草做隐蔽拍摄过。窝位离道边稍远，弹弓手够不上，所以那处鸥群得以安生。

果然不出所料，老远就看见两名持相机者在水中为须浮鸥拍照。"哎——别往前了！"我招手向他们喊。摄影者文明人多，相对好说话。持弹弓者，这样喊就危险了，得声音怯怯地与人商量，还兴许惹来一句"关你屁事"。

这两位摄影者确实文明，温柔地回答："我们不伤害鸟。"这种回答让我无言以对，讲多了也没用。人家穿着水靴，是有备而来不会轻易离开。

邻里相拌嘴，为儿讨不公

雏鸟归途走错路，邻婶啄不依

拍鸟人见到鸟，尤其是初拍者，见到明摆着的鸟巢、卵、雏鸟、亲鸟都有，如苍蝇见到血，似蚊子叮嫩肉，像吸毒者犯了瘾。想阻止他拍摄，是不可能的事。我也没那个权力不让人家拍呀。讲道理，人家是"行家"，说不伤害鸟。

雏鸟受惊扰，离巢躲水中

语言难解决 凌空斗武功

话不投机处飞空互打斗

　　我赶紧撤退，或许他们因无人关注，能早点收手停拍。

　　其实他们已伤害了鸟：离巢起飞的鸟，卵被晾着，躲入水中枯草的雏鸟已被吓着；成鸟鸣叫，不敢回巢喂雏，正在愤怒着。

　　更可怕的是，自他们发现这片须浮鸥鸟的繁殖地，竟做起了跟踪拍摄，也就是说，天天按时来，天天都拍摄。我请他们到路边我勒好的蒿草屏障后隐蔽拍。他们以"鸥鸟已经不怕我们了"为由，天天凑近拍摄。

　　结果是，雏鸟每天逐渐泅水后移，难找水草驻足休息，成鸟天天叼草筑台，让自己的孩子喘息。偶有别窝雏鸟靠近，叼鸽追咬，弄得整个鸥群不得安宁。最终，能游动的迁往远方去了，走不了的自然消失。

枯秆不禁压，接鱼身下陷

游鱼近水面，飞啄靠技高

凌空为雏鸟，母累雏歇脚

人向巢靠近，雏向远方游

　　其实，鸟类科学家，观察研究鸟儿，也不是天天明火执仗地去打扰鸟。而是，隐蔽、定时，在不打扰鸟类的情况下，抽样式观察。

　　由于两位初学拍鸟人的跟踪拍摄，日日打扰，须浮鸥无法正常喂雏，雏鸟发育缓慢，8 月末还没学会飞翔捕鱼。

　　想那"珰奈湿地"的须浮鸥雏鸟，游人栈道行，对须浮鸥干扰有限，到 8 月 2 日，雏鸟已能飞翔在空中跟父母对接索鱼了。可"狗岛"的湿地，游人多且杂，干扰鸟类繁殖因素多。须浮鸥，2013 年在松浦大桥西侧水域繁殖，因受钓鱼人惊扰，2014 年来"狗岛"这里繁殖的。又经初学拍鸟人干扰，逼迫雏鸟强迁后移。2015 年"狗岛"未见到须浮鸥的踪影，岛上显得格外"幽静"。鸥鸟为湿地带来灵性，带来活力，带来生机，为游人带来乐趣。

　　祈盼须浮鸥早日回到"狗岛"湿地安家落户。为城里人游春赏水增添情趣。

人近巢区鸟飞空

雌鸟装伤诱人追

2008 · 06 · 01

黑翅长脚鹬

黑翅长脚鹬，鲜红的腿、别样的长，俗称"红腿娘子"。

"北极岛"大门前的湖边，经常有黑翅长脚鹬涉水觅食。夜宿岛上的"古堡"停电早。清晨3点半就醒了，携相机到岛的大门外水边，坐看黑翅长脚鹬嬉戏，等它们靠近再拍摄。心里想着战国时代"鹬蚌相争"的寓言故事。"夕阳远挂枫树林，鹬蚌无心相逼迫。蓑衣渔子下垂纶，却看手取如有神。"（《题苏汉臣鹬蚌图》明·侯恪）

正凝神思考，身后突然传来说话声，着实吓了我一跳。回头起身攀谈，来人姓孟，长我一岁，家在坡上，老两口在这料理几亩地，养些鸡、鸭过着田园生活。

屋内暖和火炕温热。热情的老夫妻，听说我是"岛主"老范的朋友，执意让我喝碗热玉米面粥再走。还把两个煮熟的鸭蛋，扒了皮放到我的碗里。

树上拍摄离巢远

红腿绿草相映美

夕阳偶遇牧羊女

临走之际，我给老两口拍了合影。

时隔不久，我再次光顾"北极岛"时，为他们送上照片，老夫妻很感动，赞我守信，自此成了朋友，每到"北极岛"必看大哥大嫂。

孟大哥告诉我，他家房后有片平坦苇塘，那儿"红腿娘子"多。

出他家院门右走不远，上了坡就看到了那片苇塘；水清且浅，苇茬中（老苇被收割光）新发的苇苗尺把高，把水面点缀得绿油油水汪汪的。刚看清楚苇塘的面积，不知从哪飞来五六只黑翅长脚鹬，在水域上空翩飞鸣叫。真乃"江南渌水多，顾影逗轻波"。（《白鹭》唐·李嘉祐）有感间，我向水面走近，鹬鸟"欢迎"似的向我迎面飞来，至近前突然升飞到头顶上方蹿飞鸣叫。我举起相机跟拍着

长腿归巢步步缓

孵卵屈腿慢慢蹲

鹬的飞姿，雌鸟飞飞落落，在不远处，抖动翅膀，跛腿装伤。我奔过去，它又起飞了，附近细找什么也没发现。

再跟还是如此，我恍然大悟，它是"明修栈道暗度陈仓"引诱我往别处走，目的是保护它们的鸟巢位置。

巢是无法看到了，看到也无法拍摄它们孵卵的姿态。有人在，成鸟儿空中飞，地面跳，根本不回窝。时间长了窝内的卵与雏鸟会被晾死。撤退，以后再想办法。

2015年6月5日，我专程到"北极岛"拍摄那里特有的鸟类。到了岛上才知"北极岛"旅游景区已更换了承包人。虽说经朋友引荐，与新岛主也成了朋友，毕竟初识，彼此拘谨。岛上正在装修，我

入住离此不算远的"付家围子"村。

安排就绪已是过午，迫不及待地骑自行车去察看黑翅长脚鹬的情况。到了荒坡上，正赶上苇塘北面人家的羊群晚归，百多只羊在坡上啃草慢行，大树根部坐着的牧羊人闲视蓝天白云，空中无鸟飞翔，心中一凉。

凑上前问了得知，苇塘中，枯腐的苇捆堆上有几处"红腿娘子"的巢，正在孵卵。她站起来依树指点着。望远镜里清晰可见，绿苇苗中，黑色凸起的苇捆堆上有白色的鸟儿伏着。

太阳离地平线不足一竿子高了，她随羊群走去了，我也因看到了黑翅长脚鹬伏巢在卵上，而兴高采烈地赶回住处。

第二天，吃过早饭，我就赶往拍摄点。刚一到那岗上，还没等向水边靠近，更没看清鸟巢位置，已有一只黑翅长脚鹬从空中飞来，鸣叫着报警。六七只黑翅长脚鹬腾空飞来，赶我离开。我躲在昨天牧羊女依的大树后，观察苇塘，寻找黑翅长脚鹬的巢位。十几分钟的静止，黑翅长脚鹬陆续落入苇塘，寻食、散步、慢步回巢孵卵。

我悄悄地爬上树，从高处对它们进行拍摄。塘中的一处土堆提醒了我，土堆的大小、高矮正适合支隐蔽篷。更难得的是，离土堆15米左右就有一窝黑翅长脚鹬在孵化。

我蹚水到土岗上，迅速把隐蔽篷支稳系牢。人入内，鸟在篷的周围翻飞，不敢回巢。时间久了巢中的卵容易被晾死。我赶快从帐篷里钻了出来，下土坡蹚水回岸，另想他法。

回到大树旁，苇塘恢复了平静。这块水域的制空权被这里的黑翅长脚鹬控制着。无论我从哪个角度进入水域，别说进入，就是接近苇塘水面的边沿，都会被黑翅长脚鹬发现。一只起飞，众鸟响应，利用空中优势，轰赶、引导入侵者离开巢区。

在树上拍摄离得太远；苦想中，有感于昨天的羊群。现在羊群在苇塘的最南端，离此有2里之遥。走过去向牧羊女讨教，得知"红腿娘子"不怕羊群与牧羊人。我灵机一动，计上心来，忙问："你家有羊皮吗？"她先是一愣，然后微笑着说："有吧？你想披着羊皮，混在羊群里，乘机钻进帐篷。"聪

上苍恩赐制高点

卵已叨节水在涨

293

垫高巢位救孵卵

腾空巡飞保家园

雏鸟破壳羽未干

明的女人好沟通，她同意晚上回家找找，明天上午7点路过那岗，还是在那棵大树下"接头"。

早6点半我已到树下，遥看高岗上，经过一夜风寒的隐蔽篷，安然无恙，心里有了底。7点，羊群啃着青草，顺坡徐徐走来。她抢先走到我的面前，不好意思地说："没找到羊皮，可能全卖了。你看，白床单行不？"

我双手接过床单，点头致谢，顺手披在身上，猫腰混入羊群蹚水靠近土岗，从后面顺利钻入隐蔽篷。黑翅长脚鹬警觉地张望着隐蔽篷，没有飞起。

静坐篷中，等前方孵卵的黑翅长脚鹬安静下来，再悄无声息地把镜头慢慢探出帐外。哇！孵卵鹬鸟的身姿充满了画面。

黑翅长脚鹬，雌雄轮流孵卵，可根据天气温度，以挺身与沉伏调节孵卵温度。离巢觅食，则缓步行于苇草间，以各种昆虫、幼蛙为食。红腿衬绿草，动作缓慢优雅。

听到报警就离巢

恢复平静自回巢

游躲苇间不易找

中午，篷内闷热，我退出帐篷，鹬受惊起飞，我乘机步入水中到窝边看个究竟。一枚卵有叨节迹象，小鸟即将破壳。托着卵的巢，显得湿润，是原来如此，还是最近水涨所致？

去寻远处的羊群，向牧羊女送还床单。问及这片苇塘的水情时，她说："前几天水挺浅，这几天水在涨。"她看我狐疑的样子，解释说："苇塘的水面与旁边的大湖一致，不在于此地下不下雨。"

返回途中，想着救助那几处巢中卵的办法。边骑车边寻找路边可用之物，回到住处已弄半编织袋子杂物。

7日，早7点再次来到那草坡上的大树旁，羊群已在满坡吃草。苇塘中的黑翅长脚鹬，有两只雄鸟在窝的上方飞鸣。望远镜中，雌鸟在巢上孵卵有些异样。

牧羊女说："没人惊扰。"

有情况，我放下背包，拎着破编织袋涉水向鸟巢奔去。鸟巢内已微微有水，那枚正在叨节的卵，刚刚裂缝露孔。如果被水泡了，雏鸟定死无疑。

我迅速托起筑有鸟巢的半腐芦苇捆，在下方塞上我捡来的填塞物，把鸟巢垫高30多厘米。加高完三处鸟巢，回到岸边，羊群已走远。我背起背包直接进入隐蔽篷。说也奇怪，没几分钟，黑翅长脚鹬回巢孵卵了。

鸟儿有灵性，我越来越坚信不疑。顺利观察、拍摄到雏鸟叨节破壳，大约需要24~28个小时才能彻底蹬开蛋壳，来到这个世界上。雏鸟叨节破壳期间，亲鸟不帮忙叨鸽蛋壳。

雏鸟出壳十多分钟绒羽干了，即能听从父母鸣叫的报警声，懂得下水躲避。此时，雏鸟体弱无力，在水面浸泡时间长了，易危及生命。

所以，黑翅长脚鹬的巢里，人是看不到雏鸟的。亲鸟起飞报警，雏鸟离巢游走，躲在离巢较远处，与绒毛相似的苇草间。危险过后它们再回到巢上的母亲身边，等待巢内的雏鸟全部破壳，由亲鸟带领着，游走在巢区的苇草间觅食。

"游鱼潜绿水，翔鸟薄天飞。"（《情诗》三国魏·曹植）优美的自然景观离不开鸟类的装点，黑翅长脚鹬是装点湿地湖面、宜近距离观察、最漂亮的水鸟之一，必须加以保护。

2008·06·02

斑翅山鹑

　　斑翅山鹑，俗称"沙半斤""须山鹑"鸽子般大小的鸟。从前常见，现已不多。此鸟如诗曰："生来野态无拘束，万里秋风自在天。"（《赠昙润画鹑》宋·王佐才）

　　昨天清晨，从孟大哥家出来，到苇塘拍了几幅黑翅长脚鹬的飞姿。回到岛上向北侧巡游，发现有"斑翅山鹑"飞过，急于回去吃早饭没细心巡查。

　　今天，再度来到那处灌木丛，入林几步，灌丛中一处竖围着的绿纱网，勾引我去看究竟。50~60厘米高的新网，像"须篓"（捕鱼用具）形，上小下宽地扣在沙土的草地上。正琢磨着它的用意，"噗啦"一声，一只鸟突然飞起，落入不远的草丛中。

　　啊！网内圈的是一窝刚出壳，似小鸡雏样的斑翅山鹑的雏鸟。掀开网抓起一只雏鸟品赏着；这是早成鸟，破壳后绒羽干了即可跟随妈妈四处觅食。

拾卵送卵

冬季集群

300

融入环境

这窝雏鸟如不赶紧放走，去跟妈妈找吃的，再过几小时定会被饿坏的。

放下雏鸟，扒开那网，快步离开。让斑翅山鹑雌鸟早些过来，救走自己的孩子。

圈网人，意在扣雏引母，一网全拿。"北极岛"是私家旅游景点，还有外人敢在这里设网吗？午饭时，我问岛主夫人。她听说后，马上撂下饭碗，拉着我开车向岛北驶去，车在一排红砖房前停下。她推开房门，径直闯入屋中，冲着正在吃午饭的一家人劈头盖脸地说："在'沙半斤'窝上围网，是你家孩子干的吧。马上给我收拾了！再不许逮鸟！如

果有第二次，你们赶紧给我走人！"愤愤地说完，转身出屋摔上房门走了。

回餐厅的路上，她边开车边解释说："这户人家靠打鱼为生，借住岛上房子，再祸害岛上生态，我能饶他吗。"

北极岛的生态环境好，各种鸟类爱来此安家繁衍后代，与岛主一家人的精心呵护、严格管理分不开。

傍晚，坐在院中，品茶、赏荷、聊天，无意中谈到了"沙半斤"。邢卉（岛主夫人）心有余悸地讲着："十几年前的月夜，我可吓坏了。那时刚到岛上住，初冬一场大雪的夜晚，老范（岛主）没在家，

林间逃飞

我出屋'解手'，月光中，野地里半米多宽两米多高的'白布幡'成精了，晃动着向前挪。"

　　冬季，"沙半斤"爱集群活动，被发现后，猎人趁月色，把网设好。然后绕到鸟后面，双手各拿一根竹竿，挑着白被单，戴上白口罩，蹦跳着轰赶"沙半斤"鸟群，逐渐向网兜靠拢，一网能捕到好几十只。老范补充说。鸟儿眼夜盲，看不清物体，感觉雪堆向它们滚来，所以，不起飞，按照猎人的意图走。结果，全部落网。如今，人多，环境变化大，这鸟儿已集不起大群了。岛主颇有感慨地介绍着。

　　2015 年 6 月 7 日晚饭时分，我拍摄完黑翅长脚鹬，刚回到住处。一位朴实的农民，开着"四轮子"冲进院来，跳下车急三火四地奔进屋，看着我高兴地说："听说你给鸟照相，这窝沙半斤蛋你要不？"我吃惊的目光，随着他的手势与视线，看到他用衣服前襟兜着的十几枚卵。急忙问："这是啥时候取来的？""刚从杨树趟子里经过时，发现就给你拿回来了。""还能记得那窝在哪儿吗？"我边说边拉他往院里走。"能！"他斩钉截铁地回答。

快开车把这些蛋送回窝去！我要拍摄"沙半斤"抱窝。几分钟的工夫，四轮子已进入杨树趟子。很顺利地找到了那窝，他轻轻地把斑翅山鹑的蛋放回到窝里。

往回走的路上，在四轮子的颠簸中，我祈盼着这窝斑翅山鹑能回来继续孵化。

翌日，吃过早饭，携着老伴，急匆匆奔向那片杨树趟子。老远放下东西，自己蹑手蹑脚地慢慢向那巢靠去，渴望看到的一幕，终于看到了。它孵在窝上纹丝不动，我轻轻地退离它的巢区。取来相机，轻松而容易地拍摄了它的孵卵姿态。

为了拍摄它起飞的动作，我调整好焦距、速度，让老伴慢慢走近它，它起飞了，"咔嚓、咔嚓"快门启动后，我们迅速离开。躲到远处察看拍摄记录，林暗，不理想。一小时后再拍摄一次，好坏都得撤退，

母子平安

蒿丛突飞

巢隐草下

一窝多卵

雄鸟英姿

歹人围网

网内救雏

胡须之羽

不能多次打扰它孵卵。

　　数日后，我再次来看它，它身边已有雏鸟。愉悦中感知雏鸟正是破壳之际，更不能打扰它了。我撤离它的巢区，心里为救活这窝12只小鸟而愉悦。斑翅山鹑，雌鸟孵卵，守雏破壳，雄鸟必在附近守候、觅食、警戒。我绕寻不远，选一合适坡下隐蔽，让老伴在我身上布满枯草乱叶，只留镜头在外。她回村等待，我留此静心守候。终于拍摄到了雄鸟阔步、蒿丛腾飞。

　　斑翅山鹑，鸟儿虽一般，细看极富特点，前胸有大块赤褐色，雄鸟胸下腹部，具黑色或黑褐色马蹄形斑羽。更有意思的是，喉侧羽毛变长、变尖，呈须状。俗称"须山鹑"，意为长胡须的鸟。

2008 · 07 · 18

红胸田鸡

　　我见过野生鸟类护窝，遇人不肯轻易逃飞的。可没见过像红胸田鸡这样的，敢撞、敢拱我的手回巢护（孵）卵的。

　　话说今天中午时分，海波媳妇抱一抱喂鸭子的"青拔菜"路过我家院门口。"豆地里有窝鸟不怕人，我领你去看看。"她说着话，随手把野菜放到地上。我想进屋取相机，"不用，就在跟前，我领你认认，一会儿你自己再去拍。"她边说边向西走去。

　　确实很近，西行100余米就是黄豆地，顺着第5根垄的垄沟往里走，很快找到了那窝。亲鸟不在家，我拨开豆秧正欲看个究竟。一只大鸟儿，不知从哪过来的，走到窝上偎吧偎吧，孵到卵上，旁若无人地用嘴鸽叼着豆叶、草茎，拉向身边遮掩着自己。

嘴端的褐绿色与下嘴的淡黄绿色，及前胸的红色，表明了它"红胸田鸡"的身份。正在欣赏判断间，"发现什么了？"突然一声询问，把我从判断中唤回来。声音从旁边"度假村"二楼的走台上传来。我急忙摆手说："没什么，是耗子洞。"说着，我俩转身撤出了豆地。

午后光线好，我带着相机去拍摄红胸田鸡孵卵。它还是没在家。我刚扒开豆秧对窝内的卵按了下快门，它就回来了。我用手推挡着它，才勉强拍摄到窝的完整形状。这鸟儿（红胸田鸡）平时最怕人，离人老远，藏在草丛里，很难拍摄到它的全貌。现在，为了自己窝内的后代，它豁命顶、撞我手回窝护卵。

爱子之心让我感动，为了不暴露它的巢位，只有放弃拍摄。撤离时发现地旁那"度假村"的走台上，仍有几人往这边看，我顺手折几株豆秧做掩饰，走出豆地。

我隔三岔五地去趟豆地，去看红胸田鸡孵卵情况。第5次，窝内只剩两个半拉的蛋壳，预示着雏鸟已全部成功破壳离巢，随妈妈觅食成长去了。

我看着空巢、半壳，浮想联翩。凭我的经验，想拍摄到红胸田鸡的雏鸟破壳、亲鸟与雏鸟亲密等画面，是极其简单的事。只因这窝巢离旅游度假村太近，为了不暴露它的巢位，为了护窝的红胸田鸡不被人捉走，为了让这窝卵成功孵化，我只能放弃拍摄。

空虚中，想到这窝小鸟能自然破壳成长，尚有一丝欣慰。

黄眉报春鸣

飞来落"柳棱"

谷物吃得香

2009·04·15

"柳棱"春早

今年，提前来到小山村，整理四处观察点。"柳棱"，因柳丛多而得名。柳下临溪水，枝条绽叶早。土棱上刚布撒完食物，枝叶间已见鸟影闪动。真乃"何处生春早？春生鸟思中"。（《生春》二十首 唐·元稹）。

寻处干爽的草地，静卧草间，待枝间小鸟露面。枯草长厚身下暖，新草短嫩气味香。柳枝摇曳，鸟儿跳窜，似两只麻雀？不像！飞跳之间，展尾之际，尾羽两侧露白羽，标明它是鹀类。细看，眉羽鲜黄，头顶具白色中央冠纹。哇！是雄性黄眉鹀。

黄眉鹀，形似麻雀，俗称"金眉"。繁殖地在俄罗斯的贝加尔湖以北。早春，它是这里的匆匆过客。看！它落到了土堆上，叼嗑谷粒，另一只跳到

草地觅食忙

理翅在枝上

遇险飞下枝

跳起挥翅飞

草地上觅食草籽。忽飞、忽跳，非常活跃。镜头随鸟儿移动，趣事环生；溪边沐浴，枝上抖水、梳毛。偶有危险，振翅展尾，纵身跳下高枝，到灌木丛的密枝深处躲藏。鹰、隼飞经，也奈何不了它们。

　　黄眉鹀，春秋两季路过这里，已不多见。冬季在我国南方长江流域及沿海省份谋生，主要以草籽、谷物为食。已被列入国家林业和草原局 2023 年 6 月 26 日发布的《有重要生态、科学、社会价值的陆生野生动物名录》。

爱洁常洗羽

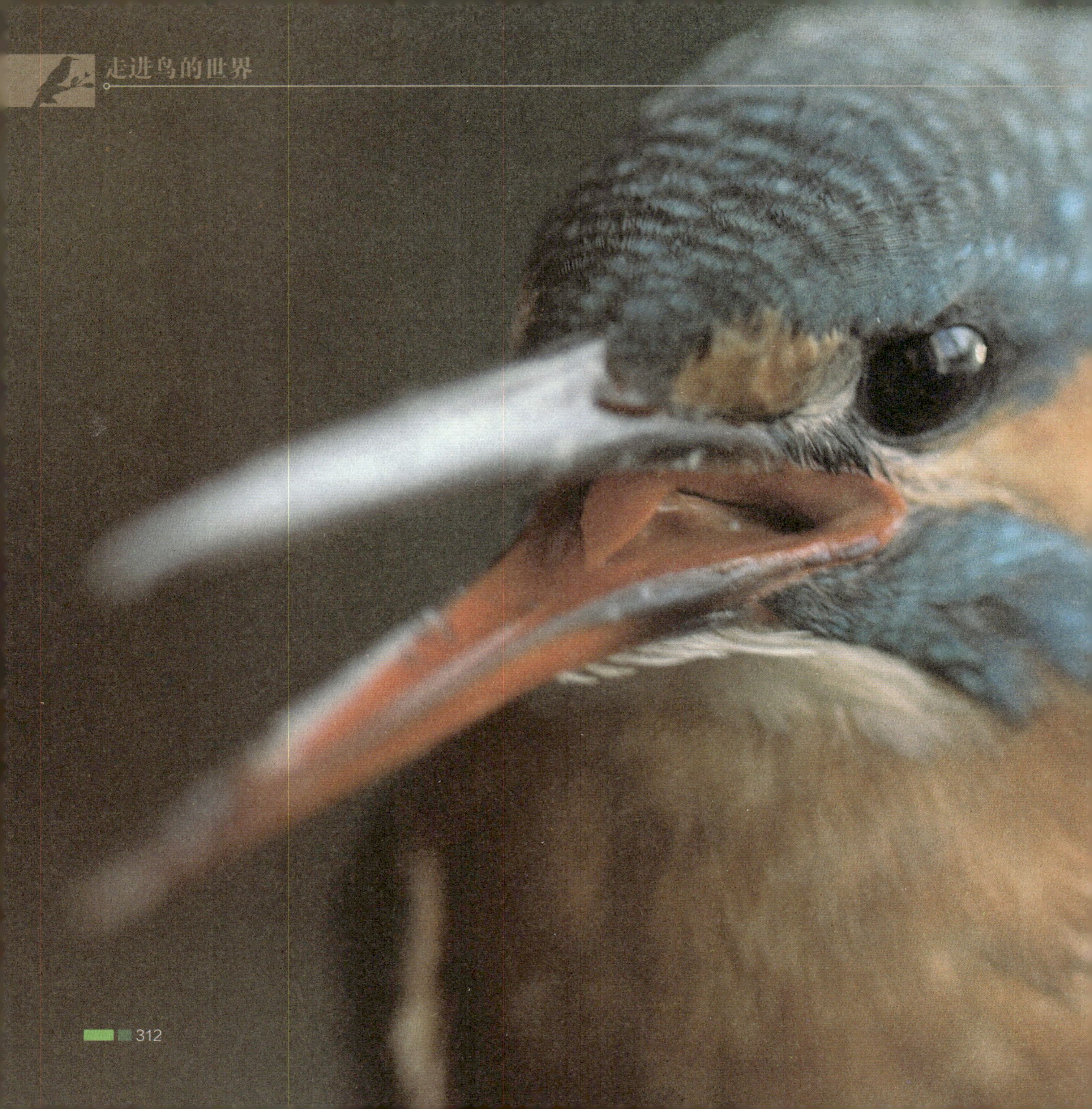

2009 · 05 · 03

"鼠洞" 育靓鸟

翠鸟娇小漂亮，羽色艳丽且有金属光泽。说它们是在"鼠洞"中长大的你信吗？

晚傍晌，村童"小拴子"跑进院喊："周爷爷，我妈跟粘鸟人（捕鸟网，俗称粘网）要了只小鸟，可好看了。请你去看看怎么养？"我放下手里的活，急步跟他去看究竟。

关在小笼子里的，是一只雌性翠鸟。手端笼、眼观鸟、心中想"巢中之雏，正盼母归"，便对拴子娘说："这是翠鸟，不会叫（鸣禽人爱养），专吃鱼，养不活的。借我拍几张照片，给你们留着看吧。"她点头同意了。

翠鸟，是统称。北方人说的翠鸟，学名，是普通翠鸟。它体态娇小，羽色艳丽，惹人喜爱。古人有诗赞曰："清晨有珍禽，翩翩下鱼梁。其形不盈握，毛羽鲜且光。天人裁碧霞，为尔缝衣裳。"（《翡翠》

笼中小翠被我放出，窗前近拍留念

资历相仿常争斗，袭击他人自失控

宋·文同）

携笼到家，寻来些鲜活的小鱼，从笼中取出"小翠"掰嘴喂鱼。许是它饿了，许是感觉到我能救它，毫不客气地连吃了三条活鱼。吃过鱼，"她"精神了许多。

我到院中折来"达子香"（杜鹃花）树枝，摆在窗台上。"小翠"似懂我意，很快便落到枝上做着各种动作，任我拍照。天色渐晚，如送"她"回×家，已不宜放飞了。夜间也许被饿坏，故将"小翠"留于客厅散放一夜。

清晨，"小翠"更精神了，站在"达子香"的树枝上眼望窗外，思念家儿，渴望自由。盆中的小鱼见少，树枝下几道白色粪迹，表明她已吃过早餐。

在提笼去往×家的数百步途中，编想着释放"小翠"的理由……×家人很通情理，理由未说一半，她已打开笼门，把"小翠"放飞了。

古诗曰："野性思归久，笼樊今始开。虽知主恩厚，何日肯重来？"（《放鹦鹉》宋·司马光）。为感谢×家人放飞"小翠"之情，几天后，我为她们送去两幅"小翠"的丽照，供其欣赏留念。

放飞了"小翠"，心里既充实又空荡。"好色"的我，魂系"小翠"，昼思夜想。为设法观察拍摄到她的真实生活，绞尽脑汁。

终于想出，在自家房后的小河边，挖修水槽，放置小鱼，诱引"小翠"来取。

"人为财死，鸟为食亡。"这话有一定道理。这不"小翠"真的来了。我观察到，"她"叼鱼南飞，定是回家喂养雏鸟。几经寻觅，终于找到了"小翠"

的家门。土崖斜面上的圆洞,与鼠洞无二,竟是美丽翠鸟的家。我想赖着不走,暗中拍摄,怎奈它家"门前"空旷少树,绿草、鲜花、"白头翁"成片,隐蔽拍摄十分困难。鸟类对环境变化非常敏感,直接支帐篷于它家门前隐蔽,定会吓着"小翠",影响它们回巢频率。

距其巢口40多米外有一小树,索性把帐篷支在小树下,让"小翠"逐渐适应,认同帐篷的存在。以每日向前移动两米的方式,逐步向它家靠近。经过数日的努力,隐蔽篷终于挪到了距"小翠"家门约10米处,扎稳、系牢。

五月晴天多阴天少,每日潜入篷中暗中拍摄,篷内奇热难当,只穿三角裤衩,依旧汗流浃背。最无奈的是,此山坡"草爬子"多,进山人都知道,衣领、袖口、裤脚,必须系紧,以防"草爬子"钻进。篷中炙热难穿衣裤,何谈系紧"五口"。

村里从平原买来的牛、马,到山里的头半个月都被"草爬子"叮得没精神,发蔫。半个月后,适应了叮咬,体力与精神才逐渐恢复。可见"草爬子"的毒性之大。

常呕吐不知是何物

　　为了"小翠"，我在这片草地上，曾被"草爬子"叮咬过两次。以酒精涂之，以烟头烫之，以针挖之，方能取下"草爬子"的全尸。疤痕处，两年内下雨阴天，照痒不误。

　　不管怎样，我总算拍摄到许多鲜为人知的翠鸟生活片段。

　　翠鸟"夫妻"共同选址筑巢。一旦确定位置，破土动工之事，多在傍晚，由雄鸟悬空完成。它飞扑向巢位，待要撞到时骤停，尾羽后翘，猛伸双腿，探双足，以爪抓挖沙土。雌鸟或飞或落在附近东张西望，似为雄鸟助威、警戒。

　　经过两三天的艰辛抓挖，洞口逐渐成形，"夫妻"

俩换班以喙啄沙，径直向前挖洞，深约50厘米处，啄成15厘米厅室为巢。翠鸟挖洞穴做巢，常因中途遇到石块、树根受阻而被迫停工，另选巢址。筑巢之不易，使翠鸟有数年连用一巢之习性。

孵卵由"夫妻"俩共同承担，约1小时换班一次。外面的鸟回来，飞入巢区"zi-zi-zi-zi-"地鸣叫数声，窝内的鸟听到叫声，迅速飞走，外面的鸟直接落口入洞。洞内的鸟偶尔睡着或其他原因没及时飞出洞穴，外面的鸟进入，两只鸟会同时飞出来，在洞口"zi-zi-zi-"地拌几句嘴，然后再各行其是，各尽其责去了。

育雏期，雌、雄鸟共同叼鱼喂养雏鸟。翠鸟捉到鱼，不论是自吃还是喂雏，都先叼着，甩摔致死。鱼头朝嘴里，是自吃。鱼头朝外（嘴尖），则是准备叼回洞喂养雏鸟。

进洞时头朝里，出洞时头也朝里，倒退着到洞口，再转身飞走（偶有头朝外直接飞出的）。

　　有好拍之鸟，怎能忘了老朋友，打电话告知泰康县的好友。

　　朋友运气好，每次我让篷给他拍鸟，都能赶上日照无云光线好。这次也不例外，他在篷内拍摄"小翠"2小时，空中无风无云，光照充足。撤回时，衣裤湿透如雨淋，"篷内太热，几乎中暑。"他含笑诉苦说。颜面之悦，流露出他拍摄到了"小翠"的精彩动作。"祝贺，祝贺，罪没白遭。"我说着端菜上桌，他微笑着点头，换衣、洗脸，准备吃饭。

　　酒喝正酣，"北极岛"来电话，"有'老牛闷儿'（大麻鹭）的窝，四枚卵。"范岛主在电话中得知朋友在我这，高兴地说，正好一起回泰康到他那。

　　14日傍晚到达"北极岛"，大麻鹭的巢在湖边的蒲草中，没有隐蔽棚，不可能拍摄到大麻鹭孵卵。15日清晨起来，漫步岛中，突然，一片翠色伴着"zi-zi-zi-"的鸣声划入苇塘。登上身边的老榆树，望远镜中两只年轻的"小翠"在苇秆上嬉戏。

　　跳下树，偷偷潜入苇塘边的沙棘树丛，观察塘中。这儿有几只翠鸟的亚成体（刚独立觅食的小鸟）。苇塘水浅且静，沉积物多，腐苇败叶随处可见，便于小鱼、小虾隐身、游弋，是"小翠"亚成鸟谋生的好地方。

　　它们落在苇秆、枯枝上等待游鱼近前。心急者，鱼尚未游近，便急着斜向扎入水中去捕捉，结果是十次九空。无奈，叼一段芦苇秆上来，耍动着，锻炼嘴力与叼衔技巧。

年轻技不精，十次入水九次空，咬枝练叼功

资格老身份高，啄鱼技巧好

为占据有利地形和舒适的落脚点，它们时而打闹，时而和好。也有青春萌动早恋者，雌、雄同在一枝上等鱼，雄鸟扎入水中数次方得一鱼，急于充饥，忘了"女友"竟独自吞下。雌鸟"zi-zi-zi-"嗔它不疼人，雄鸟心生一计，与其比谁张得嘴大，顺势来个热吻，矛盾化解了……

幽静的苇塘是亚成翠鸟的天堂，它们在这里实践、锻炼、成长，待羽翼丰满，秋末天凉，飞往南方越冬。

深入观察拍摄"小翠"的生活习性及它们之间的鸟际关系，是在哈尔滨市松花江心的"狗岛"上。

妻子辞世后，我无心再恋那片山野，2014年从山里撤回，改在自家"窗下"的"狗岛"（阿拉锦岛）观鸟、拍鸟、爱鸟。2015年夏，我在岛上拍摄"攀雀"喂雏，结识了几位鸟友。商量共建一处"野鸟驿站"，定时投喂，隐蔽观察、拍摄野生鸟类的动态。在岛上领导的支持下，7月26日，"香蒲野

青春萌动两翠好，女翠不满常责怪，男翠张嘴比大小

顺势热吻，矛盾化解无烦恼

鸟驿站"正式建成，棚内贴有爱鸟《守则》，观鸟、拍鸟之人必须遵守。7 月 27 日的《生活报》A13 版《狗岛有个"野鸟驿站"》曾做报道。我们在那里观察拍摄到许多野生鸟类鲜为人知的故事。

普通翠鸟啄鱼、吐物，就是其中一例。翠鸟之间，因身份地位不同，互相打招呼的行为各异。资格老的翠鸟独占有利（便于捕到鱼）枝头，无翠敢争。过往的同类"zi-zi-zi-"鸣叫打招呼，它也不屑一顾，自管观鱼待捕。其入水啄鱼的成功率很高，十有九成。

资历相仿的翠鸟之间，为一枝之位，你争我抢。遇有过往的同类打招呼，它蹲身、端膀、振翅、探头、

张嘴，准备迎击。偶有进攻者，因技艺不佳，自己误跌枝下，飞往别处枝杈蹲守，等鱼待啄。

2017 年 6 月 14 日，被影友"挟持"到某"鸟棚"观看，无意中观测与拍摄到翠鸟到"鱼缸"中入水啄鱼动作。观察中发现，翠鸟扎入水中啄鱼，最深不超过 35 厘米。距离水面 20 厘米之内的游鱼，是翠鸟的首选，啄鱼的成功率也高。

翠鸟啄鱼，入水嘴朝前，出水头顶在前，嘴贴胸露出水面，抬嘴、转头、甩水、腾飞，回到起跳点着落。

普通翠鸟，有呕吐"残团"的习性。有说吐物是未消化的鱼骨，我没捡实物验证，不敢妄断。

翠鸟排泄均为稀便，欠屁股、翘尾，"刺溜"一杆白色稀屎。有片可证。依稀屎判断，翠鸟吐物应是消化后未稀释的残渣。

普通翠鸟羽色艳丽。艳羽曾一度给翠鸟带来灭顶之灾，杀身之祸。京剧头饰的"点翠"、女人首饰的"点翠"都是用翠鸟的活体羽毛镶嵌而成。其工艺技巧，远比镶嵌宝石厉害 100 倍，漂亮 100 倍，昂贵 100 倍。发展到清代的康熙、雍正、乾隆时期为鼎盛。

如今，这种"点翠"装饰早已废除，普通翠鸟已被列为国家二级保护动物。

愿土崖"鼠洞"无人扰，多育翠鸟儿，点缀湖池、溪畔、荷塘，为游人悦性。诗云："水边飞去青难辨，竹里归来色一般。"（《翡翠》唐·齐己）。

2009 · 05 · 09

"柳棱"新曲

雄鸟喉美鸣声妙

北方的 5 月，万物春心萌动。枝绿叶展快，鸟鸣催花开。南坡拍摄翠鸟再忙，也得抽空关注各观察点的情况。"柳棱"是附近山林最先被春风揉绿的地方，成堆的柳丛，枝密叶舒，水浅坡长，是雀类最爱光顾的环境。黄眉鹀早已去远，枝间雀儿有增无减，老远即可辨闻。鸟悦语声脆，婉转别样音。如诗云："千门春静落红香，宛转莺声隐绿杨。"（《春莺曲》清·朱受新）

走近土棱，鸟语戛然而止。如诗曰："藏雨并栖红杏密，避人双入绿杨深。"（《早莺》唐·齐己）。我匆匆修整好土棱，布食、插枝，"整景"完毕，钻入早已修整好的固定隐蔽棚中，静听新曲，等待新遇。

时间不长，棚的右侧传来鸟鸣，寻声拨找棚壁的蒿草缝隙，向外察看。只见枝叶摇曳，绿影婆娑，闻鸟声易见鸟形难，似有似无难以看清。犹豫中，雄鸟的歌声突然高亢了许多，曲调悠扬变化了许多，声音也像近了许多。心想把镜头从前方撤回，探向右侧声源察看。手刚触摸机身，习惯性地从目镜向外察看当前情况。镜头内、土棱上，有只小鸟在啄虫。啊！是一只极其少见的雌性蓝喉歌鸲。太难得了！迅速按动快门，"咔嚓、咔嚓、咔嚓"记录着它的身姿。难怪雄鸟鸣唱格外卖力，原来这里有它的爱。

隐叶看镜头

雌鸟喉羽比雄鸟浅淡

雌鸟啄虫忙

雄鸟奔姿快

　　雄鸟也过来了，隐在叶后向镜头张望，落在枝上轻声哼唱，跳到地面啄虫，枯枝上振翅，斜干上奔跑，地面觅食十分活跃。雌雄鸟同时出现，难得！难得！要是它俩还能那样……，今天可就见世界奇观了。正幻想着奇迹出现，突然，两只鸟儿同时不见了。疑惑间，两名采山野菜的村妇，挎筐说笑着，走在运材道上进山。

　　嘻！啥也别想了，拍摄到这些精彩动作已是很幸运。蓝喉歌鸲，俗称"蓝点颏"，繁殖期鸣声婉转，悦耳动听，雄鸟常被捉住笼养。现在已越来越少，野外难得一见。它们每年5月迁来，在黑龙江繁殖，9月离去。主要以昆虫为食，是典型的益鸟。

　　有雌鸟出没，附近应该有巢，抱着这种想法，我曾来此处多次观察、搜寻蓝喉歌鸲的巢位，均未发现线索。

大麻鳽鸟

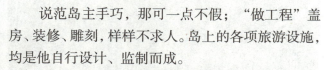

2009 · 05 · 15

手巧扎棚快

棚虽大移动并不难

说范岛主手巧，那可一点不假；"做工程"盖房、装修、雕刻，样样不求人。岛上的各项旅游设施，均是他自行设计、监制而成。

早饭的餐桌上，谈及拍摄大麻鳽需要隐蔽棚之事，范岛主让我说明样式及大小。

饭后，他带我去仓库找合适的木方，按我的意图钉成框架，亲自动手勒苇、扎棚。勒绑之快，动作之娴熟，让我目瞪口呆。我紧割苇，快递料（遍地芦苇），愣没跟上他的勒扎速度。仅一个小时，1米宽2米多高的隐蔽棚扎好了。棚内系有宽背带，我在棚内可肩扛背带移动棚位，为拍摄带来极大方便。

肩扛带，挺腰直起，移棚慢慢走向湖畔，苇棚刚到水边，前方蒲丛中，飞起一只大麻鳽，落往别处去了。就地放稳隐蔽苇棚，先让大麻鳽适应，再逐步前移，寻找适合拍摄的地点。我钻出苇棚向岛北游走，想晚饭后再来此，往前移动隐蔽棚。

晚饭的餐桌上，多了位影友，说是来岛上拍鸟。听岛主说我在湖边拍"老牛闷儿"，他去寻之，在棚内拍摄到了大麻鸦的近照与飞版。说着打开相机液晶显示屏，向我显摆。"你在棚内喊了吧！"我突然的问话，让他猝不及防，"啊！没喊，是它自己飞的。"他轻声辩解着。

卵呈 T 形摆放

鸟儿的记忆力极强。大麻鳽在隐蔽棚附近受过惊吓，那棚的附近短时间内不会再见到大麻鳽的踪影。他对我的话表示怀疑。为了验证我的判断，为了能近距离拍摄大麻鳽觅食，哪怕有一线希望，也想一试。好在棚位离大麻鳽的鸟巢较远，不会影响大麻鳽孵卵。

第二天，天刚放亮（3:30）我就钻进了隐蔽棚。棚内清冷得很。晨风一吹，棚壁苇秆呼呼作响，凉风穿身透骨。能穿的全穿上了，塑料雨衣也穿裹到身上，凉冷依旧。渴望近距离一睹大麻鳽，我忍着，忍着，早饭也没敢回去吃，祈盼着它的出现。直到10点钟，也没见大麻鳽的身影。

我的判断是正确的，他喊叫过。前方巢位的大麻鳽，定是被他吓过的，对隐蔽棚敏感。前移会影响大麻鳽回巢次数，观察不到真实情况。

模仿大师，引颈抖羽与环境无二

得过些时日，或者另寻别巢观察才行。我回到岛上，向发现大麻鳽巢的"起鱼人"请教。他告诉我，在那窝的东侧60~70米处，还有一窝"老牛闷儿"（大麻鳽）。

我顺利地找到了那处大麻鳽巢。趁大麻鳽不在，迅速把隐蔽棚移到拍摄距离。棚口朝后，便于我借助芦苇的掩护猫腰偷入棚中拍摄。

这次的棚位，四面环水，可免外来人轻易进入，打扰大麻鳽孵化。

春天，北方的河套、湖畔、湿地里的苇、蒲及草丛，新芽初萌未显，老秆败叶，暗褐枯黄。大麻鳽身披棕黄色缀有黑褐斑纹的羽毛与生活的环境色彩极其相似。大麻鳽潜踪蹑迹地藏在其中，偶遇惊动，它们将头颈伸直、嘴尖朝天，蓬松项上长羽，在杂草丛中不动，宛若枯苇、败蒲。更有甚者，颈羽轻轻随苇叶摆动，极难被人从苇丛中甄别出它的真身。

诗曰："潜踪独趁水边食，延颈忽向苇中鸣。"（《题九鹭图》明·萧镃）

我曾观察到，喜鹊在空中看到大麻鳽巢中的卵，以为美味唾手可得，扎落到蒲秆上，试探着下走几步，又突然逃飞。定是发现大麻鳽就在窝边的蒲丛中，才收嘴离开。

大麻鳽的卵，似鸡蛋大，经常呈T形摆放，可能是为了便于腹部检测每枚卵的温度，可能是为了让卵受热均匀，也可能是为了突然起飞时不踩破卵……

老大破壳早，张嘴就要吃

哥俩一天差，体型大不少

"四重奏"妈，我饿

喉囊带食物，反刍式喂雏

大麻鳽，懂得运用自然温度孵化后代，白天很少实实在在地趴在窝上孵化。孵卵的姿势，以半蹲半伏式为主，像是怕压坏卵，又像是在用腹部测量窝内卵的表面温度。

天气热，它们离巢时间长，在巢时间短，到巢中看看或稍偎卧一会，让卵得到翻动，然后离开。晨、昏气温低，它们几乎不离巢。

傍晚，大麻鳽常发出沉闷的"哞——哞—"鸣叫声，故被当地人称为"老牛闷儿"。

雨天伏巢不动

母子情深

隐身苇丛，缓步回巢，不细心看极难发现它的归来

大麻鳽的卵，生出后就处在自然温度的孵化中，所以，雏鸟破壳时间差大，老大与最小的雏鸟相差四五天。在食物短缺季节，竞争力悬殊，可确保较大的雏鸟成活。可谓自然进化的产物。

大麻鳽主要是以鱼、虾、蛙、蟹、螺等水生动物为食。它们喂给雏鸟的，是由嗉囊带回的反刍食物。偶有食物较大，坠得小鸟趔趔趄趄，承受不住而掉入水中。

随着雏鸟的逐日长大，反刍的食物被消化的程度也逐渐减弱，直至喂刚啄到的生鱼鲜虾，雏鸟才算长大。

不论孵卵期还是育雏期，只要天下雨，亲鸟都会伏在巢上不动，为卵与雏遮风挡雨御寒。

大麻鳽4月份迁来，10月份迁走，迁途中孤飞多，双飞少。

雄鸟黑髭美，似划两撇胡，故名文须雀

雌鸟无胡须，尾羽似摆裙

2009·05·16

意外发现

下午，朋友来岛上看我，我们走在土坝上聊着大麻鳽的情况。他突然停住脚步，盯看着坡下沟塘里茂密的枯蒲、旧苇。"吱、吱、吱"细弱的鸟叫声从沟塘的蒲苇丛中传来。

"有文须雀。"朋友说着引我向坝下走去，在他的指点中我第一次看到文须雀，认识文须雀。

哇！好漂亮的鸟啊，雄鸟的眼先与黑色髭纹，犹如画上的两撇黑胡须，故名文须雀。雌鸟无胡须。两只鸟儿口中衔满蚊虫，见我们靠近，欲飞又不远离，停落在苇秆上蹦蹿着。"蒲丛里肯定有鸟窝。"我说着拉朋友蹲下静止观察。两只鸟钻进蒲丛，转瞬空着嘴飞出，落到蒲棒上蹿跳着啄虫去了。

我俩慢慢起身，移步坝上回去取相机，来此拍摄文须雀。

明知文须雀的巢就在蒲丛中，找巢拍雏易如反掌。可是，我们最终放弃了找文须雀的鸟巢。因为附近喜鹊多，它们嗜食小鸟的卵雏成性。如拨动蒲草枝叶暴露了文须雀的巢位，会给巢中的雏鸟带来灭顶之

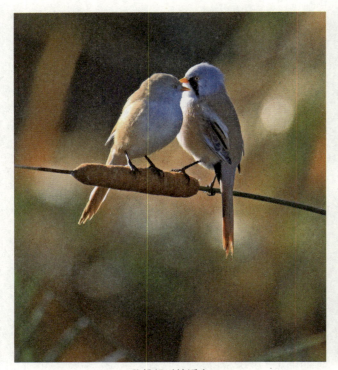

雌雄相对情话多

穿飞苇丛寻伙伴

新友蒲上站，三五相成趣

灾（曾见风吹苇散露巢窝，喜鹊啄吃大苇莺的雏鸟）。

我们静静地等文须雀夫妻叼虫飞近，拍摄几幅留念。然后撤退，研究如何拍摄大麻鳽的事宜去了。

观察、拍摄文须雀的集群活动，是 2015 年 9 月 29 日，应朋友之邀请，去大庆的 ×× 拍摄点。那里已被拍鸟人引诱（播放文须雀的鸣声）开辟成文须雀的固定拍摄点。

拍鸟人只要按时到达指定地点，架好相机等候即可。自有明白人与拍鸟大师，播放"音响"，布

置"道具"（插绑蒲棒）。"道具"的间隙、高低、位置与光影的走向自有学问。来自全国各地的数十门"大炮"对着拍摄点的"道具"，专等"模特"到来。阵容甚是壮观。新来者不必多言，不可凑得太近，不可穿戴得花枝招展。否则，难免有明白人嘀咕一两句，或忍或改无关大局。

"吱、吱、吱、吱——"细弱的鸟鸣声从空中传来，数十只文须雀从苇梢上一掠而过，飞往他方去了。拍客们轻微骚动，或怨有人坐近，或怨有人晃动，或怨

蒲棒道具新，引鸟相戏悦

"道具"位置不准。埋怨声轻细，无人理会，偶有"明白者"前去调整。又过一会儿，十几只文须雀同时扑来。"咔嚓咔嚓咔嚓咔嚓咔嚓咔嚓——"的快门声压倒一切。"炮手"们目不转睛地注视"演台"，抱着宁可错拍一千也不错过一瞬的心情，食指死按相机快门及攥握的快门线开关。

文须雀，似麻雀大的小鸟儿，以湿地的香蒲、芦苇丛栖身，每年繁殖两窝雏鸟。文须雀主要以捕食蒲丛、苇荡中的害虫育雏，对护苇除虫有利；冬

蒲棒距离准，独门功夫深

啄虫归巢喂雏忙

口衔多虫寻找儿

低头寻子藏身处，下飞喂雏隐身行

秋冬两季爱集群

季以蒲籽、苇花、草籽为食。据以前的文字记载，黑龙江省的文须雀为夏候鸟，随着气候的变暖，在大庆一带的湿地，文须雀已成留鸟。秋冬两季成群活动，爱向有同类鸣声的苇丛靠拢。当年繁殖出的文须雀，到冬季已近性成熟期，在集群活动中寻找"意中人"，为来年开春成家立业、繁衍后代打基础。

这里的拍摄点，来"道具"上表演的文须雀，有成对秀恩爱的，有双爪抓住两边蒲棒秆劈叉180度做杂技表演的，有五六只鸟儿同在一两个蒲棒上蹿跳啄戏的。动作之多样，飞姿之优美，让拍鸟人目不暇接。"咔嚓咔嚓咔嚓咔嚓"的快门声，让拍鸟人过足了拍摄瘾。为满足众多拍鸟人的审美欲望，文须雀们默默奉献着鸟姿、鸣意。

最近，听说某方拍客，为了拍摄到文须雀的飞版，以石击鸟促其逃飞。哪知鸟有记性，再也不来此处寻群、觅伴。当地的拍鸟人只得另辟蹊径。

唉！拍鸟人的素质不一，可曾想过，拍鸟到底是为了什么？为了一"飞版、美片"让鸟付出的代价，值否？知否？

2009 · 05 · 17

难以置信

说一只比麻雀还小的小鸟筑的巢，编织得精巧细腻柔软能给儿童当拖鞋，给成人当钱袋，你信吗？没看到实物，我也不信。何况那些记载中还有"据说"二字："据说在欧洲中部的农村，攀雀的巢会被儿童当拖鞋穿；东非一些部落中有人用攀雀的巢做钱袋。"

攀雀的鸟巢外形像"靴子"，也有说像"烧杯"的，悬吊在树的侧枝梢头。看到实物，我信了。

清晨，"北极岛"的景区大门尚处关闭，已有人敲更夫窗，询问我的踪迹。来者慕名，初学拍鸟，向我询问岛上可拍摄的鸟类。为了护住那窝大麻鳽，我带领他去拍摄牧羊女提供的攀雀鸟巢。此攀雀巢，因牧羊女经常在树下坐卧乘凉，已不惧人的到来。

攀雀，学名中华攀雀，俗称"灵雀"，因其筑巢精致而得名。攀雀体型娇小，全身灰褐色，明显的脸罩羽是它最突出特点，雄鸟脸罩黑色，雌鸟脸罩褐色，正面头像，一副海盗模样。

雄性攀雀，每年4月下旬来北方，5月开始占领地，选树择枝筑巢。它把看中的树枝用絮状物绕成环形，再编成吊篮状。全巢成型百分之七十，才有资格炫耀自己。它在枝头亮嗓、鸣唱、显健，宣布有房、有领地，逗引异性上门。

选领地，寻建材，有房才有爱

春暖花开之际，雄鸟先到达繁殖地

只身忙碌半月，巢从初环到成型

有房也得自宣传，常呼唤，吸引异性过来看

　　一旦被过往的"女孩"选中，再共同衔材，继续编巢，十数日，巢窝编织成型。"室内"装修"女士"做主，雄鸟带回的杨花、柳絮、蒲绒，"塞置"不称雌鸟心意，统统被雌鸟啄出另塞、重编。偶有被扔往巢外的，雄鸟敢怒不敢言。雌鸟如此动作多了，也怕雄鸟闹情绪，影响装修进度。于是，她"zi-zi-zi"地柔声细语哼曲，蹲身转头，抖动微展的双翅。

　　雄鸟心情愉悦，有了自信心，飞往别处寻找"装修"用材去了。这是 2006 年 5 月在"北极岛"观察到的情节。自此十多年，见过攀雀巢几十处，均未观察、拍摄到交尾行为。

　　2015 年 6 月初，城中湿地，江心岛，俗称"狗岛"有处接近竣工的攀雀鸟巢，巢址环境非常适合拍摄。怎奈知道的人多，"明白人"（某鸟网版主）

到后，迅速打折鸟巢周边的枯枝、碍叶。理由是，摄影是减法，背景越干净越好。可他不知道，此时，正值攀雀交尾之际，巢边的树枝是它们的爱床。"明白人"让那年的拍摄者失去了观察、拍摄到攀雀交尾的机会。"明白人"不明白拍摄野鸟，不可改变鸟巢周边的自然环境。一枝一叶，对野鸟之巢，都起着至关重要的作用，不然，它为何选址这里筑巢。

　　攀雀交尾，3~5 秒钟，动作快，位置不固定，常有树叶遮掩，极难拍摄到清晰画面。2017 年 7 月 3 日，"狗岛"上有巢"二婚"攀雀，交尾时间稍长，可谓十数年拍鸟生涯中的奇遇。所谓"二婚"，就是雄鸟筑的第二个巢窝，迎娶到了妻子。

　　第一个巢，在离此十几米的比邻树上，雏鸟已近离巢日。攀雀，雌鸟从孵卵开始，很少让丈夫进

以"房"招亲，终于引来女孩上门

巢口共建，室内装修女士说了算

巢；孵卵、育雏多是由雌鸟承担。雄鸟极少叼虫喂雏。雄鸟无家庭拖累，精力旺盛，闲饥难忍，再选址筑"别墅"吸引异性是常事。"别墅"初具巢形，就不再修建，等待"新人"到来，再共同商量，携手建筑爱巢。攀雀巢的后期工程，主要依据雌鸟意愿修建。这处半拉子"别墅"工程，经风吹雨淋20多天，巢色已发暗变旧。观察中偶尔发现，雄鸟站巢中鸣叫数声，我们以为此巢注定废弃，不会引来

雌鸟与它成家，接筑成巢。没想到，它还真的又找到对象了。

清晨，影友打电话告知，那巢，有雌鸟助絮。待我赶到现场观察，巢已近尾声，正值交配之际。镜头中，雄鸟体健身硕，羽色苍老浑厚，比初春时来"狗岛"筑巢的攀雀雄鸟老成得多，健美得多。肯定不是去年出生的新鸟，推测鸟龄，应该是第3年的壮汉。雌鸟身姿秀美，活泼善动，定是去年刚

内壁用材软，雄鸟衔绒忙

长成的青春"少女"。

我选址，架稳相机，等待它们交尾。7:00-8:00，交尾3次（偶尔一次都很少见），均被树叶遮挡，无一次拍摄成功。

当晚翻阅拍摄记录，懊恼中发现希望：雌鸟正处青春期，近几日还会有交配行为，遂打电话给影友金芳，告知来此拍摄攀雀。7月4日至7日，每天早上5:30-7:30，我连续观察拍摄，最终拍摄到了它们的交尾过程。

攀雀的吊巢，内壁"装修"到顶部，雌鸟开始发情交尾、产卵，巢口编整完毕，卵已生齐（5~8枚）进入孵化期。攀雀每年正常繁殖一窝，"二婚"极难形成。2016年5月30日—7月20日，对"狗岛"上的3窝攀雀连续观察50余天，只发现1处，在首窝巢区附近的杨树上，雄鸟另筑一巢。巢型过半，停工寻异性，雄鸟常于巢口鸣叫，呼唤新娘，终因无伴（雌鸟少），半型巢废弃。

雌鸟育雏辛苦，天一亮就外出找虫，天渐暗才归巢休息。每天回巢送虫230次之多，还得及时叼走孩子们的排泄物，清理巢内卫生，工作十分繁忙。

拍鸟人，图己方便不做隐蔽，明火执仗地"长炮""短枪"对着鸟巢拍摄，对攀雀回巢喂雏次数干扰很大，影响巢中雏鸟的成长速度。

雏鸟10日龄能到巢口索食，20日龄可以离巢。

令我不解的是，攀雀的雏鸟出巢前不做任何练翅与准备动作，一挺身，蹿出巢口即能飞走。麻雀、燕子、鸫的雏鸟都得在窝边做多次扇翅练飞；鹭、鹳、鸮、隼、鹰的雏鸟不但扇翅练膀力，还得多次在巢边练跳飞。即便如此，它们的雏鸟还时有掉落地面的。

巢口修成日，巢内卵生齐，从此少用丈夫管

雌鸟个性强，孵卵育雏自己忙

攀雀的雏鸟儿，未见一个初飞失误。先飞出巢的幼鸟，偶见雄鸟带着在巢区觅食。最后离巢的雏鸟胆小，连撅腚拉屎都不敢靠近巢口，常把屎拉在巢口边上，由妈妈清理。已出巢的哥姐们常回巢口逗引，玩耍。

2015年7月21日在"狗岛"修整"香蒲野鸟驿站"，收工已是日落高楼后，彩霞伴余晖。蹚水回岸边，偶然发现，大杨树侧枝的攀雀巢上，翻飞着数只小鸟。举相机拍摄，细看，原来是3天前已出窝的小鸟在入巢。

经连续3年对"狗岛"上的多处攀雀巢的观察，认定，已出巢的攀雀幼鸟，有入夜归巢的习惯。回巢住的小攀雀清晨天亮（3:30）出巢，白天在巢区附近，跟随父母学习觅食、避敌。傍晚时分（18点）

喂雏20天，幼鸟已长大

哥哥姐姐先出巢，展翅就飞无须事先练

回巢边活动，夜幕降临前小攀雀陆续钻入巢中过夜。幼鸟越大，归巢时间越晚，警惕性越高。随着雏鸟出巢日期的增加，回巢的次数逐渐减少，最后只剩一两只回巢，此种行为持续10天左右。

这只吊在树梢的"靴子"式的攀雀鸟巢，经孵卵15天，育雏20天，雏鸟夜归巢10天；从黄豆粒大的卵，到入夜归巢的亚成鸟，六七只都钻入巢中；这巢的韧性、弹性、耐久性、承受力，让见过的人惊叹，让没见过的人难以置信。

巢外雄鸟等多日，终于父子得团聚

老小最胆怯，排泄不敢往外凑，拉在窝口，等妈收拾

雄鸟筑的第二巢，雌鸟已难找，多数都是白忙活

哥姐回巢逗，啄底吓唬弟与妹，劝它出巢去

雏鸟虽已离巢，夜幕依然归巢睡。巢的承受力，让人难相信

图片故事

攀雀女鸟，从孵卵开始，很少让丈夫帮忙。孵卵、育雏一月有余，雌鸟承担多

爱 的 故 事

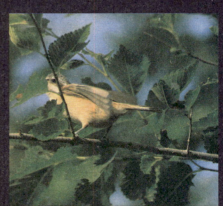

图片故事

爱 的 故 事

雄性灰头鹀

2009 · 05 · 25

绕路回巢甩盯梢

　　小鸟的某些智慧，出乎人类意料。一只似麻雀大的灰头鹀，为了保护孩子，不暴露巢位，竟懂得绕路回巢甩盯梢。

　　灰头鹀，雄鸟头顶、颈羽青灰绿色，俗称"青大头"。初春雄鸟爱鸣唱，声音悦耳动听，是林缘、地头、村口树梢上的常客。如诗曰："动息自适性，不曾妄与燕雀群。幸丢鹓鸾早相识，何时提携致青云？"（《青雀歌》唐·裴迪）

　　村口东侧荒地，草丛里有窝灰头鹀鸟巢，离道口百余米。正值喂雏期，荒地开阔无树遮挡，无论哪种拍摄法，都会被过往村民、游人发现。暴露巢位，窝中雏鸟难以成活。灰头鹀每次衔虫回来，先落在电线上，左顾右盼一阵，再落到离巢十多米的草丛中，蹦跳着潜行迂回到巢边喂雏鸟。

雌鸟羽色和谐淡雅

道旁枯草下安家需要胆量

卵色独特

灰头鹀这类小鸟在蒿草丛中潜行，无异于我在茂密的原始森林里漫步，难见天日，难辨方向。它们不转向，一直是我心中的谜。

清晨，我站在路边，正为无法拍摄到灰头鹀叼虫喂雏而犯难。

"看啥呢？"话到手到，海波要过望远镜，朝我望的方向看。"啥也没有啊？"他茫然地问。"找鸟看。"我解释说。"稻田水渠总出口处，有窝小鸟，我刚从那回来，你沿着前方右侧稻田梗走，约二里远。鸟窝在那壕帮的侧面'蜇麻子'里。"他边说边指点着行走路线。

5月末的山区，稻田里水满映禾，秧苗初展。新修复的田埂，草少泥多，湿泞难行。脚踩其上，既不能踏破梗坝，让水横流（毁田），也不能跐滑到梗下，伤及稻苗。深一脚浅一脚，长一步短一步地试探着前进，千余米的路程走半小时之久，总算到达引河水入田的总壕旁。

渠水清澈见底，看着不深，一脚下去，跐地一滑，水没靴勒，靴内瞬间钻满冰凉刺骨的水（山水甚凉）。本能地抓住岸边一簇植物，方免倒坐入水中，庆幸只湿一足。

啊！好蜇手，是"蜇麻子"（一种叶边有毒刺，似灰菜的植物，可做汤吃）。站稳双足，两手搓洗着蜇痛的部位。

回眸之际，咦，旁边一丛"蜇麻子"的根部，有几只"黄嘴丫"在晃动。窝隐蔽得极其巧妙，不是从下方看，根本发现不了。

隔叶细瞧（未碰窝边的草、叶），是灰头鹀的雏鸟，约有六七日龄，正是亲鸟（雏鸟的父母）喂雏的繁忙期。

在水中支起三脚架，装稳相机，爬上对面壕岸，躲进树丛中，围上隐蔽篷。静候40分钟，未见亲鸟踪影。怕饿坏小鸟，撤退回走另想办法。

第二天，躲在10米外的壕帮斜坡上，隐蔽篷

落枝入林易藏身

侧放减少高度，以树枝、蒿草笪得严严实实。爬进去，伏在坡上，一只脚蹬在水里，稳住身体不下滑。50 分钟，亲鸟仍没露面。

第三天，除了雄鸟从空中掠过一次，再也没发现任何蛛丝马迹。不是隐蔽不当，也不是离得近，是这对灰头鹀鸟性烈、胆怯，对人的印象极坏。人类可能曾给它俩留下过不堪回首的记忆。所以，它们抱定有人在巢区内藏身就绝不现身的信念，以不变应万变。

撤离前想为窝中的雏鸟拍照留念，手刚触及挡视线的"蜇麻子"（未碰巢边之物），"嗖嗖嗖"窝中的雏鸟争逃一空。既无亲鸟呼唤（幼鸟提前离巢，必须有父母呼唤、告知危险，快跑！不然，不会离巢），也未见成鸟身影，小鸟竟自奔逃，定是父母早有嘱咐："最近有人常来，窝边草动，赶紧逃命……"鸟的孩子比人的孩子听话得多。

盯着空窝，懊悔中思考原因，一肉色分叉草叶在窝边晃动，注目细看，啊！蛇！

"土球子"（蛇名）的舌头在空巢上搜索气味。巢中雏鸟的惊逃，怨我、因蛇，无法考证。

不必担心，逃出窝的小鸟已近出巢期（10–11日龄离巢），今天，这窝小鸟已10日龄，出巢不会有危险。很快就被亲鸟召集到蒿丛中隐蔽起来，躲在草棵及灌木丛中继续喂养，比待在窝里更安全。

鸟类繁衍后代，窝位隐蔽固然重要，它只是繁殖成功的一半，孵卵、喂雏期遇到险情，亲鸟能巧妙地离巢，不暴露巢位才是成功的保障。

2010年5月11日晨，我在村口公路等车回哈。路边河畔有块大石，虽无平面，却也光滑可坐，两位村妇去石上依坐等车。一只小鸟从石下河边飞起，落到对岸树上，"啾、啾"两声不见了。无人注意，我在留心，从哈回村之日，到石下河边搜寻。

一簇侧歪的枯草下，遮掩着已有4枚卵的鸟巢。这窝灰头鸫营巢时天冷人稀，这里干扰少。孵卵期，天已渐暖，来往人逐渐增多，它无法搬迁，只能面对。

为帮助灰头鸫，掩护它们孵卵、育雏，我撮来几锹稀牛粪，涂抹在大石块上，虽说不雅，效果极佳。

灰头鸫"夫妇"，不管轮到谁在巢上孵卵，有人来，三米以外它不动声色。任尔人声嘈杂，汽车

塔头墩子里的巢更隐蔽

奔鸣，它忍着。凭地面震动，凭声波，凭风吹、叶颤，它感知来者的距离，离窝两米，它才慢慢钻出枯草，信步到水边"唰"地一声起飞，耗时不足1秒，已落到小河岔（宽约两米）对面的树丛里隐身。

来大石块边逗留的人，到河汊里涮脚、洗手的人，偶有见过它的，都误认为是来河边饮水、觅食之鸟，无法追捉。

更有趣的是，养路工人清理公路侧坡杂草，用镰刀割去窝上青草，也没发现鸟窝的存在。

喂雏期，它们恪守：附近有人不喂，无人紧喂。这对灰头鸫鸟，以睿智与果敢，成功地把雏鸟，在人类频繁打扰的情况下喂养长大。

观察这窝灰头鸫的成长过程，并非易事。鸟巢面对河水，背靠公路，斜上方有大石。观察拍摄点，只能选河水对面。那是由一棵大树的根须护住土壤形成的孤岛，上面长满茂密芦苇蒿草。

草地着落

步入岛上，左肩紧靠大树东侧（西侧是村口，行人多），右腿插在水里，左膝跪在大树根上。支开遮掩伞，挂上隐蔽网，用竹竿在苇草中搅个洞，把镜头探入洞中。

鸟儿有灵性，能感觉到我对它们没有恶意。我步入水中，轻轻地把窝上妨碍拍摄的枯草，向上推高几厘米，亲鸟没急鸣，雏鸟没惊逃。

隐蔽时间不长，雌鸟即叼虫回巢喂雏……叼屎、遮阳、午睡。十数分钟，雏鸟睡足，张嘴索食，推挤妈妈出窝为它们捕食。

中午，妻子送饭来，对"孤岛"左看右找，也没发现我的藏身。正欲打电话，我从她身后上了岸，倒把她吓了一跳。在树荫下吃完饭，与她到公路的大块石旁，看我的隐蔽处，只见蒿草中的镜头，像一段废弃的水管露在那。

尽管隐蔽巧妙，鸟儿还是清楚我的存在。雄鸟机警，常到我头顶上的树枝转悠，很少回巢，回也匆匆，一闪即逝。

灰头鹀鸟脾气大，警惕性高，雄鸟极不易拍摄到。它们的性格也有差别。6月20日，在公路旁的沼泽地里发现的灰头鹀巢，一对亲鸟比较随和。

北方的沼泽地，没有陷入于没顶的泥潭。不过，也存在着意想不到的险情。

这不，在浮水已干涸的"塔头墩子"间，向那个有鸟窝的塔头墩子靠近。一处低洼的小沟，覆面上半露着干干的石子，一步跨不过去，反正也没水，踩着过去吧，"噗——"的一声，稀泥没膝。幸亏我反应快，身子一歪，倒坐在旁边的塔头墩子上，才幸免双足同陷。淤泥灌满靴子，左脚与靴在稀泥里密封着，由于大气压力，一下无法拔出。费了九牛二虎之力才把靴子从淤泥里抽出。

坐在塔头墩上，双手拔靴，稀泥如胶似漆，纹丝不动。寻根树枝插入靴管中晃动，让空气进入，脚才缓缓出靴……

这窝灰头鹀鸟的性格虽然比较随和，我也得谨慎对待，连续三天的温柔接触，缓缓靠近。它们已基本适应了我，开始在我的视线内喂雏。

机会难得，想起数百公里外的老友，以"短信"勾之。

为了能较舒适地拍摄，想用"战锹"挖土，垫块"平地"，便于我们在沼泽中支棚隐蔽、架设相机。

喂虫叼屎雌鸟忙

终于拍到雄鸟叼虫喂雏

沼泽地里下锹容易挖土难，铁锹晃动着被踩下去，蔓草、须根在淤泥中牵拉着，根本端不起锹中之土。一平方米的面积，两小时没垫好，踩上去七裂八陷的，只能将就用。好歹也算平地，比塔头墩子、淤泥、蒿草乱绊无法支篷强。

中午时分，好朋友赶到了，进入隐蔽篷。我回到公路上为他瞭望。约 1 小时工夫，雌、雄鸟喂雏的场面均已记录在他的卡中。为让我拍摄到更清晰的画面，他把"640"定焦头留在了帐篷里。雌鸟很快入镜喂虫，雄鸟迟迟不到。

已是 13：40，该回去吃饭了（他起早开车过来，一定很饿）。这位朋友在公路上，瞭望到雄鸟就在附近。于是在电话里轻声说："再等等，再等等"。在他的"再等等"的安慰声中，我终于拍摄到三年未拍成的雄鸟叼虫回巢喂雏的画面。这只雄性灰头鹀鸟叼的虫子，竟是一条"大贴树皮"。虫子大，喂的时间长，动作多。拍得过瘾。

古堡晚霞

364

2009·07·18

蚊多猛似虎

"咚、咚、咚"的敲门声，把我从午睡中惊醒。"周老师，岛主让我给你送蚊香来了。"

北极岛的蚊子，因日因时忽多忽少无定律。多时到处都是，叮人猛似虎，闻味就扑，见肉就叮。人从草边过，"轰"的一声，马上把你围成桶状，人行"桶"随移，撞脸碰腿。到了高处，小风一吹，"蚊阵"全散，一蚊不见。

那年小孙女来岛上看我，正赶上蚊子多之时，刚漫步于吊桥与古堡之间，就被咬得蹦跳抓挠。我忙脱下自己衣服包裹着她所有露肉的地方，把她抱起，跑步进入古堡，收拾东西离开，打车去镇里住宿。进镇的路上，老伴数落说："非要来看她爷爷，这回好。"边说边给小孙女腿上的包搽药。"我跟爷爷来过，不这样。"小孙女辩解说。"好了，我孙女没错，都怪岛上的蚊子太热情。""我不要蚊子热情。"说着笑着到了镇里，坐当晚的火车赶回哈市家中。

大杜鹃鸟，只谈情说爱，孵卵育儿寄于其他鸟窝不顾

"布谷—布谷—布谷—"大杜鹃的叫声把我从回忆中唤回，"通知"我去察看隐蔽在高处的相机，是否遥控拍摄到了它的身姿。

虽说上段回忆是三年前的事，可拍摄布谷鸟的繁殖故事却与我小孙女的参与分不开，连写作角度都是按她的意思完成的。

小孙女是我的开心果，只要条件允许我都爱带她到野外熟悉自然。她也愿意跟我走。来北极岛她是常客，岛主夫人特别喜欢她。一次餐桌上，岛主当众问她："我俩，你和谁好？""我和小奶奶（岛主夫人年轻）好，她说了算。"她的直言不讳引起众人哄笑，在哄笑中她更显可爱。

2007 年 6 月 10 日，我住在古堡，窗外十余米远的水塘边芦苇丛中，有一处大苇莺鸟巢，窝内的第五枚卵是上午刚产的。

傍晚，窗外彩霞映水，苇梢泛光。正欲带相机出屋，忽觉窗外一道"鹰影"滑过苇梢。我凑近窗前躲在暗处窥视，是只杜鹃，落在苇丛旁的柳枝上。正欲举相机，她"嗖"地一下跳到地面，又钻进有大苇莺巢的苇丛里，转瞬又展翅飞走了。

我冲出古堡，直奔那处大苇莺巢，窝内五枚卵依旧，窝沿无损。仔细辨别，有一枚卵的大小、色泽与斑点稍有不同。

拍过照，方感到水已过膝，双脚陷入淤泥里。猛一用力，一只脚拔了出来，鞋却留在了淤泥中。身子一歪，"嘭"地坐向岸边。

怕搅扰大苇莺孵卵，十余天没去看那窝。第11 天的上午，凑近查看，一只黑乎乎光着身子、尚未睁眼的小杜鹃，趴伏在窝底。

一丝懊悔涌上心头，白等了十多天，还是没见到小杜鹃顶卵的精彩瞬间。

看着窝内连眼睛都没睁开的小杜鹃，心想，巢这么深，它能把卵与雏鸟顶出窝外？疑惑的目光扫视着窝下水面，有两枚卵；一枚浮于水面，一枚沉入水底，还有一只死去的雏鸟漂在水面。"嗨！"来晚了一步，后悔之余，随手拿起浮在水面的卵，轻轻擦去水，放入窝内。

奇迹发生了——小杜鹃开始往外顶卵。

小杜鹃往窝外顶蛋，眼睛尚未睁开，可直接对巢

杜鹃口红，春季爱叫，古人拟为啼血

拍摄无须隐蔽。拍摄养父母大苇莺给小杜鹃喂食就必须隐蔽了！隐蔽得越自然，越融入周边环境越好。不然，大苇莺不敢回巢喂食，时间一长小杜鹃易被饿坏。

我找来木方，钉了4个如房门大的日字形框，割些芦苇，分上下两段，平铺着系在日字木框上，垒成"苇墙"，竖起来围成"碉堡"形的隐蔽棚。

拿来凳子坐在"苇墙"内，支起遮阳伞挡在上方遮阳避雨，棚内被挡暗，人的动作，鸟在外不易发现。手握加长快门线（10米）的开关，边喝茶，边通过"苇墙"上的缝隙观察鸟巢情况。

大苇莺夫妇，先是在我的上下、左右，远不过5米，近不足两米，边观察边"噶—唧—噶—唧"地商量着什么。约十几分钟工夫，一只大苇莺，落在窝上方的芦苇上，察看窝内雏鸟——小杜鹃。觉得我对它的"孩子"没有恶意，很快，夫妻俩都回来试探着给小杜鹃喂食了。

经人干扰过的鸟巢（在附近隐蔽拍摄），亲鸟回巢喂雏，分三个阶段：一、试探；二、适应；三、自然。试探阶段不能按动快门，一旦快门声惊飞亲鸟，还得等更长时间，才能见到亲鸟再次回巢，这样容易把巢内的雏鸟饿坏。拍摄最佳时机，是在第三阶段，自然喂雏。

我拍大苇莺喂养小杜鹃，是在小杜鹃出壳十天以后开始运作。搭"苇墙"，支上遮阳伞的第三天开始拍照。前两天，只是把相机架好，偶尔坐在伞下喝茶，观察大苇莺喂雏时的进出路线，及每次回巢的着落点。

13日龄的小杜鹃及它的养父母（大苇莺）已与我混熟，基本不在意我的到来。小孙女在电话里听说有小布谷鸟，执意让我回去接她来看究竟。

孙女的话就是"圣旨"，当爷爷的大概都这样。我也想让她多亲近自然增长见识。所以，专程回去接她来岛上陪我拍摄小杜鹃。

临走时，为免游人进入拍摄点，数米外围拦一条长绳，上面挂了几块"有毒蛇勿入内"的警示牌。

小孙女见了，惊喊着："爷爷，这儿有蛇！"我把她抱起来跨过绳，笑着告诉她，这是爷爷故意

其中一枚卵是杜鹃的

肤色深的是杜鹃崽

眼尚未睁开，已知顶蛋

它成功了

写的。目的是不让游人进入，免得鸟窝被发现……

为拍照方便，在那窝与岸边搭了两块已用杂草覆盖了的木板。每次拍照前，踏上木板到窝边把芦苇分开，拍照后再把芦苇恢复原样。

我小心翼翼地扶着小孙女走上踏板，刚看清小杜鹃的形象。它突然从窝中挺起，羽毛膨松，体形胀大，张开鲜红大嘴，发出"嘶—嘶—"声。小孙女被吓得猛地向后一退，一只脚落入水中。

她很欣赏小杜鹃的勇敢，每当我拍照，她都要去逗几下小杜鹃。嘴里还念念有词地说："你是只坏小鸟儿。"有时又给小杜鹃平反："不怪你，是你妈妈不好，把你留在人家窝里。"有时又说："你还是坏孩子，强占人家窝……"

小孙女爱憎分明：为小杜鹃平反时，以小手去逗引它挺身；说小杜鹃是坏鸟儿时，用芦苇秆去逗小杜鹃鹆啄。

小孙女在逗玩小杜鹃的惬意中，增长着鸟类知识，增强了爱鸟意识，思考着一些问题。

"爷爷，这小鸟的巢藏在芦苇里，布谷鸟妈妈是怎么找到的？"她指着小杜鹃问我。"它妈妈懂外语。"我随口回应着，意在让她好好学习。

"爷爷，小布谷鸟懂外语吗？"小孙女追问着。懂！不然它怎能听懂养父母（大苇莺）的鸣叫声。本想随便一答，激励她学习，却被她追问得几乎置自己于囧地。好在凭自己多年对鸟类的观察与研究，尚能自圆其说。

被顶出巢外的大苇莺雏鸟

"人有人言，兽有兽语，鸟有鸣声，不然鸟儿怎么互相沟通呢；告诉孩子有危险、有食物，只不过没有人类语言丰富而已。"我给小孙女讲解着自己的感悟。

"爷爷，你假装小杜鹃，给我讲它学外语的故事呗。"她可能感觉让我扮演小杜鹃，以第一人称讲故事会更有趣。

我只好以第一人称，给她讲杜鹃的繁衍故事。我还是一枚卵的时候，在傍晚时分，妈妈衔着我（杜鹃嘴大卵小），向它事先选好的大苇莺巢（也利用其他鸟巢代孵）飞去。趁大苇莺不在家，妈妈把我放在它的窝里，再从中叼走一枚卵，我就被寄养在大苇莺的窝里了。从此，妈妈再也没管过我，我也不知道妈妈是谁。

"啊！小杜鹃不知道自己的妈妈是谁？"小孙女惊讶地问。"后来呢？"她催促我往下讲。

我在养父母大苇莺妈妈的胸脯下，被孵化10~12天就能破壳问世。这十多个昼夜，我听着它的心声和它用喙翻动卵时的喃喃细语："噶—唧（宝贝），噶—噶—唧—唧—（妈妈给你们翻身了……）"要出壳的那天，它鼓励我用力把壳啄破，用脚蹬……

我费了九牛二虎之力才踹开壳，挺出身来，赤裸的身子肤色发黑无毛，眼睛没睁开。几小时后感觉四肢有力气了，本能地想把挨到身体的东西顶出窝外去。我，拱啊——拱，养母以为我嫌它捂着热或是饿了，起身飞走，去为我找吃的。我趁机把窝内的卵和先于我出生的雏鸟顶出窝外。

7 日龄的杜鹃崽，羽黑如针，口红似血

独占其巢的我，尽情享受养父母的娇生惯养。我食量大，长得快。3 天后，眼睛能睁开了，看到了养父母的尊容及窝外的苇丛世界。身上初张的羽毛似刺，背与尾上羽毛长得快。如果不下雨，已经不需要养父母为我伏窝取暖了。她俩在附近边找食物，边照看着巢中的我。每天喂我 150~160 多次。

我到了 5 日龄，听到养父母的"噶—噶—噶—唧"——有危险，"噶—唧—噶—噶—唧"——敌人就在附近的报警声，我马上把身子下伏，头向后仰，嘴靠近上翘的尾羽，然后不停地翻动尾羽，让来者看不清是什么东西。

听到"噶—噶"——宝贝，给你好吃的。我马上张嘴接食。

我吃得多长得快，8 天后，再听到养父母的"噶—噶—唧"报警声，我先伏着身子不动，待来犯者到窝边之际突然挺起身子，膨胀羽毛，张开鲜红的大嘴发出"嘶—嘶"声，做欲鸽之势。结果把你吓了一跳，一只脚掉到水里去了吧。

　　"后来呢？往后讲。"小孙女急着问我。

　　随着身体的增长，我需要的食物量也越来越大；每天可吃 3~40 只绿蚱蜢、3~4 只蝶蛹、4~50 只甘蓝蛹、5~6 只金龟子幼虫、4~5 只蜘蛛，还有大量的蚂蚁蛹。这可忙坏了养父母，她们不但喂食，还得及时叼走我排出的粪便。

　　到 20 天左右，那巢已承受不住我的重量，我开始移蹲到粗壮物上，接受养父母喂食，到了 25 日龄，我基本能独立谋生了。9 月我凭本能，独自飞往非洲等地过冬。

　　来年春天再飞回故乡，"布谷——布谷——"地叫着，找对象。凭着懂的那点"噶—噶—唧—噶—噶—唧"的大苇莺（外语）语意，寻找它们的巢位，像父母那样把卵放到大苇莺的窝里由它们替我抚养后代。

　　听到这，小孙女蹦跳着拍手说："太好了，太好了。""嘘——"我暗示她别吓着棚外小杜鹃。她听完"故事"心满意足地退出棚，逗小刺猬玩去了。

　　学者专家们说杜鹃把卵产到大苇莺、灰喜鹊、伯劳、鹬、柳莺、鸡等小鸟的巢内，让她们代为孵化和喂养后代，总体说，算是对的。

15 日龄的小杜鹃比养父母的身体大

爱时以手指逗其玩

说它是坏小鸟时以草棍逗之

突然挺起，红口"嘶、嘶"甚是吓人

但是，据我多年对多巢观察，每个杜鹃家族寄养用的鸟类巢窝，相对是稳定的。根据：1、能听懂某种鸟鸣声的语意，寻找它的巢窝比较容易；2、卵色必须与寄主的卵色斑纹相似；专家说杜鹃的卵是灰白色，缀以褐色点状或线状斑点；线状斑点的鸟卵是"三道眉草鹀"卵的特点。杜鹃产卵时不可能看着某种卵的花纹现学，而是靠遗传基因形成的。所以，我认为某种杜鹃，严格说，是某一家族，到某种鸟类的巢寄卵繁殖后代，相对是稳定的。

别看杜鹃繁衍后代的方式不光彩，可它们敢捕啄其他鸟类不敢碰的松毛虫。一只大杜鹃每小时能捕食100多条松毛虫，对抑制松林突发性虫害，起着关键性作用。

杜鹃，名气很大，称呼众多："杜宇""杜魄""蜀魄""冤禽""怨鸟""子规"（亦作"子隽""子归""稊归"等）"思归""催归""鹃""子娟""田娟""盘鹃""稊鸩""鷤鴂""谢豹""周燕""阳雀""催耕鸟""春魂鸟"等。

如诗云："夜入翠烟啼，昼寻芳树飞。春山无限好，犹道不如归。"（《子规》宋·范仲淹）

杜鹃的传说故事也有趣动人：相传远古时代，有个名叫杜宇的人自立为蜀王，号望帝。他非常关心人民生活，但后来因与宰相鳖灵之妻私通而感到惭愧，遂隐居西山不出，死后化为杜鹃鸟。

如诗云："中有一鸟名杜鹃，言是古时蜀帝魂。"（《拟行路难（十八首其六）》[南朝·宋]鲍照），

古人看到杜鹃口赤色，联想或形容为杜鹃因常叫而口流鲜血。故有"杜鹃啼血"之说。

诗云："杜宇冤亡积有时，年年啼血动人悲。"（《子规》唐·顾况）

其实，杜鹃春季常叫只是为了求偶，寻欢作乐，互相通报信息而已。

杜鹃科的鸟儿有128种，其中47种寄生性产卵。

捕捉松毛虫的能手

在养父母的精心喂养下，已长大独立，9月开始独自南迁之旅

我国有7属17种。黑龙江省有棕腹杜鹃、四声杜鹃、大杜鹃、中杜鹃、小杜鹃共五种，都不筑巢、孵卵，而是利用其他鸟类代为孵卵、育雏、喂养后代。

今天，我用遥控法拍摄大杜鹃，小孙女趁周末之机又来岛上起腻。这不，岛主夫人开车进城接她去了。但愿今天的岛上，不要再蚊多猛似虎了。

大苇莺，苇丛中，"嘎－嘎－唧"声到处传

2009 · 07 · 21

鸟鸣声声苇丛闹

晨风中没有蚊子。小孙女拉我到湖边散步，我猜她是想看看湖边是否有苍鹭，一定是想起她救助过的"英英"（详见前文）了。路边苇丛里传出"嘎—嘎—唧，嘎—嘎—唧"的大苇莺叫声。"爷爷，芦苇里叫的鸟儿，是喂养小杜鹃的那种吗？"她盯着苇丛问我。

"是的！俗称'车豁子'。"

"爷爷，'车豁子'是啥呀？"孩子的问题永远解答不完。为了让她长知识，我还真得认真回答。其实，不回答也不行。"爷爷，爷爷，你给我讲讲'车豁子'的故事呗。"她摇着我的手说。

好吧，我给你讲：听我爷爷说，他爷爷的爷爷那个年代，电还没发明出来，农村只有木制的马车，轴也是木头做的。用的时间长了，车轴被磨偏出豁。行走时常发出"咯—咯——吱，咯—咯——吱"的声音。

经过两周孵化，雏鸟相继破壳

　　春耕时节，农民赶着马车下地，苇丛、柳毛里传出"噶—噶—唧，噶—噶—唧"的鸟鸣声。孙子问他，爷爷，这是啥鸟啊？爷爷没文化，无法知道鸟的名字，以谐音为该鸟拟绰号——"车豁子"。也有叫它"呱呱—唧"鸟的，因地域不同，灰鹳鸽鸟也有被叫作"车豁子"鸟的。木制马车早已不见，可这鸟的绰号却还在农村流传。随着时代的发展，生态环境在改变，苇丛、柳毛渐少，大苇莺的繁殖地极其有限。大苇莺鸟越来越少，"车豁子""呱呱—唧"的绰号，知道的人也越来越少。

　　"爷爷，它怎么繁殖后代呀？"小孙女显然是想起了那个被小杜鹃强占了的鸟巢。孩子的提问特难缠，没完没了。"爷爷，给我讲讲吗。"她迫不及待地追问。

风吹苇倒或人动露窝，后果极残

雏鸟 18 日龄，亲鸟巢外给虫

大苇莺比杜鹃多，巢位也很隐蔽，被杜鹃寄生卵的是少数，对它们延续后代影响不大。

大苇莺是候鸟，冬季南迁无音，5 月中旬迁来北方，隐身于苇丛、柳叶中，不停地鸣叫。古诗曰："一冬常喑默，乘春何多舌。"（宋·梅尧臣《百舌》）

它们的鸣声语意，也许是在宣布领地范围，也许是在唱情歌讨好异性，找对象。

有了对象，共同选巢址筑巢，起初的几根巢材（蔫草叶）像是随意摆放，它们从窝的中段缠绕絮起，逐渐向下，再向上。经过六七天的辛勤劳作，尖底杯状的窝形，逐渐成形，窝内垫以细软草茎，雌鸟边絮边以胸脯偎压，为了日后的孩子不被扎伤，她把巢内偎压得光滑无刺，才开始生卵。

探身给食，诱导雏鸟离巢

幼鸟挥翅练力，做离巢准备

妈妈在巢上动员，告知向上安全

我曾连续三年在同一片芦苇丛中发现大苇莺的鸟巢，年与年之间的巢位相差不足 3 米，应该是同一窝鸟所为。依此判断，它们爱在熟悉的水域环境"旧宅"附近营建新巢。回到"旧宅"附近筑新巢的大苇莺，可能是去年在这里长大的雏鸟，回到家乡筑巢，比另谋领地轻松。

大苇莺特别溺爱孩子，比爷爷溺爱你还甚。它不管腹下的卵是否亲生，一律认真孵化（虽说生卵期间，常在巢区看守，也勇于驱赶杜鹃，可巢内还是偶有杜鹃卵）。

雏鸟问世，不论是亲生的还是"螟蛉"之子，夫妻俩都任劳任怨地，来时满嘴虫、去时叼走屎地把它喂养大。可谓："青虫不易捕，黄口无饱期。"

（《燕诗示刘叟》唐·白居易）

大苇莺夫妻从不轰赶孩子出巢，即便窝边出现险情，她们也不呼喊孩子离巢，只是嚷着，让孩子下伏不动，躲在巢中。

雏鸟离巢是徐徐渐进地试探着爬上窝边的苇秆，感觉不妙，随时可以回窝；相继攀爬、振翅多次，才敢离巢跳飞到密苇丛中，由雄鸟在附近的密苇中喂养。

孩子小心点

窝内剩留的雏鸟，雌鸟继续精心呵护，直至它自愿离巢。雏鸟18日龄开始离巢，到20日龄，基本全部出巢。父母共同带领在巢区的苇丛内喂养，教它们御敌、觅食等生存必备本领。十多天后逐渐自立。

大苇莺繁衍后代也真不易，窝内的孩子有被"螟蛉"之子杜鹃崽顶出窝外的危险。即使窝内是自己的孩子，在喂养期的20天里，偶有"逆风"吹散

为引孩子正确离巢，妈妈改在上方喂食

巢上方的芦苇，让巢稍有暴露，巢内之雏就有被喜鹊、雀鹰、伯劳、鸥鸟等叼吃的可能。

所以，不要轻易拨动苇梢寻找大苇莺的鸟巢拍摄。

"爷爷，那你怎么拍呢？"孩子的问题永远是尖刻的。

爷爷是在不伤害鸟的前提下、尊重鸟的基础上，对鸟类观察、研究、拍摄的。想把那些鲜为人知的鸟事揭示出来，便于学者研究，增强人类爱鸟意识。

一会儿吃完早饭，爷爷带你去看我拍摄大苇莺雏鸟离巢的过程，你就明白了。

刚撂下饭碗，小孙女就拉我走出餐厅，急着去看那窝即将出巢的大苇莺雏鸟。我引她向荷花池走，"爷爷，去看小鸟出巢，不看荷花。"她拽着我的

老大率先示范

初次离巢心里紧张，返回巢中休息

奋力一跃跳，站在巢边苇丛，用力挤入

手停住不走。我弯下腰指着前方，你看到那个隐蔽棚了吗，鸟巢就在荷花池边上。"没看到棚，只有芦苇。"她晃晃头说。

这就是爷爷的拍鸟方法，隐蔽是对小鸟的尊重，让它们有安全感，处在自然状态中，才能观察拍摄到鸟的真实生活。

我俩猫着腰，在蒿草的掩护中，悄悄地钻入隐蔽棚。

"孙女，你从这草缝看前方的鸟巢，不许有声响。我出去，把巢帮上那棵影响拍摄的芦苇折弯。""爷爷，你去，小鸟不会逃跑吗？"她拉住我的手问。

"不会的！我与它们相处七八天了，是朋友。"说完，我钻出棚，轻轻地拨开芦苇，到巢前慢慢地，把巢帮上影响拍摄的一根芦苇折弯。然后回到隐蔽

苇丛内，跳飞自由，更安全，父母继续喂养

棚内，整机待拍。"爷爷，你今天拍，是等我吗？"她脸贴"苇墙"看着小鸟小声问我。

不是等你，是等小鸟大些，到出巢之际。折弯巢边那棵芦苇，既不影响巢的稳定，也不会给窝中小鸟的安全带来隐患。这窝小鸟最迟明天早晨就全部离巢了。现在，如果有生人惊动，它们会马上逃走的。

听了我的这番话，小孙女大气不喘地静静地看着前方鸟巢，观察小鸟的活动。鸟巢上，老大扇着翅，爬上苇秆，害怕，又回到窝内。一会又到窝的下方背阴处乘凉，几只雏鸟上上下下，你挤我压地试探离巢。鸟妈妈时而回来鼓励，时而叼虫回来喂吃，只是落的位置比以前离巢远些。可能是为了引导"孩子"离巢。一只雏鸟已经"飞"离了巢窝。

小孙女渴了，我轻轻地钻出棚，把窝边芦苇恢复原样，确保巢的上方遮挡如初之后，牵着小孙女的手溜出了隐蔽棚。

中午时分朋友来看我，看到了我拍摄的大苇莺雏鸟巢边动作。甚是羡慕，有去拍摄之意。"不行！生人惊动，小鸟该都逃跑了。"小孙女直言不讳地说。

朋友赶紧说："好的，不去，不去！"

吃过午饭，搭这位朋友的顺风车，到县城乘火车回哈。

"爷爷，那窝小鸟？"

"放心吧！它们已经长大，到离巢期了。稍有危险，都能逃出窝，躲到苇丛里不见踪影。谁也伤害不了它们了。"我的回答，让小孙女心里的"石头"落了地，微笑着望着火车窗外，欣赏着蓝天、白云、草地、飞鸟。

幼鸟各处藏身，父母寻子给虫

拍摄点绑玉米的我

2009·12·22

冰天雪地

　　昨天一场大雪，覆盖了省城东南各县。听说帽儿山的雪更大，岭后有伐木作业点，想趁刚下过的大雪，进山拍摄用牲畜"倒套子"（拉刚伐下的树下山）的画面。乘早班火车，到达帽儿山站，刚刚八点。打开折叠自行车，才意识到这不是省城，雪无人打扫，是任意存在的。到处洁白，只有脚印与车辙。想"打的"入村，无车敢去，他们说公路上的雪还没被压开，轿车无法通行。我只能先把折叠车寄存在镇里的朋友家，徒步前行。

　　7.5千米，跋涉两个多小时，才到达岭后的伐木点。这儿有一些"青年点"遗留下的破房，被修整一间，烧热供工人休息和更夫居住。这儿的更夫是我春天居住小山村里的村民，信息也是他两天前回村取东西时告诉我这有伐木点。伐木点没有信号，发不出信息也打不通电话。

被救助的松鸦

放飞山林

　　我刚看见那破房的屋脊与散乱的木垛，就引来了狗叫，随着我的靠近，"汪、汪"声逐渐加剧。伴着"汪、汪、汪——"的狗吠，房门"吱嘎"一声，出来之人正是给我提供信息的村民。他看到我不好意思地说："雪大没干活，就我自己在这看堆儿。""没关系，来山里看看雪景，也很好。"我随口敷衍着，

跟他进屋。

　　塑料布蒙的窗户，室内较暗，走到桌旁，屁股刚要沾凳面，脚旁桌下"噗啦——"一声，吓得我"腾"地站了起来。

　　"别怕，是刚打的松鸦。"他说着弯腰从桌子底下抓起一条腿拴了绳的松鸦给我看。

我接过松鸦，发现一只翅膀断了，随口问他"有方便筷吗？"他看出了我的意图说："给它接啥呀，一会就摔死吃肉了。"我随手从灶边折断小树枝，请他帮忙为松鸦固定断翅之骨。并希望他把这只松鸦送给我，他也表示同意。他还告诉我，刚下过雪山里一片白，扫一块露土的地方，撒上点食物，下上夹子鸟就来。我们打这玩意全吃肉了。唠着唠着，他渗透出了，这只松鸦想要40元钱才能拿走。我

住的小村，村民原本都很淳朴，自从搞起了旅游，人们都向钱看了。

为了救这只松鸦，我掏出兜里的钱，零钱不够，只好给他一张50的，他说没零钱，我又能说什么呢。只得大大方方地说："没事，不用找了。"

这是我首次近距离接触松鸦，把它带回家放在"凉台里"喂养半月有余，翅膀基本长好，能在"凉台内"飞。到了初春的4月，我把它送回属于它的

因地制宜搭建的隐蔽棚

从做诱饵的玉米秆处，看我的隐蔽棚，与环境无二

棚内通过相机观察前方

那片森林（树已伐得所剩无几）放飞了。虽然飞姿不如以前，终归能自理飞行入林。

2011年9月中旬，我游走在山边，寻鸟、看花、赏秋，发现很多玉米被鸟扒吃。心中产生了拍摄松鸦或灰喜鹊扒吃地头玉米的想法。

松鸦，聪明机警，想近距离拍到它在山边吃玉米，几乎是不可能的事。必须找适合隐蔽的地形，松鸦常去光顾的玉米地。

山脚下的稻田地头，有三垄玉米地，就三垄，长不足10米。

是初春"育秧苗"（扣塑料棚先把稻苗密集地种出来）的土台地，秧苗被移走插入稻田，剩下这块地，耙成三条垄种玉米。育过秧苗的土，再种玉米，地没劲（养分不足），玉米注定长不高。

九月末，"收获"剩的几株低矮的玉米秆，在秋风中颤抖着。

秸秆上几穗既小又干瘪的玉米棒，外皮被啄撕成一条条翻卷的丝叶，露出被吃光的玉米棒瓤。

有两穗小玉米棒的苞叶显露着新撕的茬口，尚有吃剩的玉米粒。定是灰喜鹊或松鸦刚来这里剥吃过的玉米。

地垄旁柳条通里，大片的蒿草丛，虽已枯萎仍可没人，是搭建隐蔽棚，拍摄松鸦吃玉米的理想选地。

取来镰刀，在蒿草丛中选好位置，割开两米见方地。四边插上树枝，四面及顶部围苫上蓬松的蒿草，隐蔽棚就算建好了。

回到玉米地，在挺立的玉米秸秆上，捆绑上从别处掰来的粗大玉米棒子。

我一动不动，任小老鼠从容偷吃

清晨、中午、傍晚，三次查看，绑上的玉米棒没有被啄吃过的痕迹。原有的那两穗干瘪小玉米，露出的籽粒在减少。

为了弄清楚松鸦为什么不吃我绑上的粗大玉米棒，我到附近山边的几处玉米地察看被鸟吃过的玉米。

经过观察分析对比发现，被吃的玉米，既不是籽粒非常饱满成熟的粒大棒粗玉米，也不是尚未成熟的籽粒白嫩的青棒玉米。

而是即将成熟的，籽粒较小，粒间排列比较疏松，好往下啄鸽的，还得叼咬不出白浆的那种玉米棒。

另外，被扒吃的玉米都是靠地头的最外边，非地边的玉米没有一株被扒吃过。

原因是地边视野开阔，有危险时容易逃飞，能快速进入树林。多聪明谨慎的鸟啊。

我选了几穗判断是它们爱吃的玉米棒，掰回去做诱饵。

真灵，这次绑上的玉米棒，当天就有被吃过的痕迹。

鸟是来了。人隐蔽在棚内，有黑镜头对着，那鸟还敢来吃吗？心里虽没底，却还是要入棚隐蔽一试。

2011年9月27日早5点钟，天刚要放亮，我把帐篷支在那事先搭好的隐蔽棚内，外面再用蒿草认真遮苫。只有镜头露出的黑圈，显出与原来的隐蔽棚有所不同。

行人是不会发现这点变化的，鸟就不同了，它们对自然环境变化非常敏感。不然，怎会在茂密的树林、草丛子中找到自己的家呢。

等待是对性格的磨炼，寂寞与沉静让时间显得漫长。目不转睛地从缝隙间向外查看。时而，眼睛凑近相机目镜，通过镜头观看那做诱饵的玉米棒。

身穿棉衣裤，足蹬大棉鞋，一点不动地坐着，时间长了还是觉得冷（夜里已有霜冻）。两个小时过去了，外面一点动静没有。

清晨，是鸟类觅食的活跃时间。凭感觉，它来

凭感觉，它来了

好漂亮的鸟啊

潇洒的吃姿

口衔多粒，叼走贮藏，为冬日备荒粮

了，在附近的大树上。它也感觉到隐蔽棚里有我在。我纹丝不动，大气不敢喘，生怕惊了它。

脚边有"窸窣"的响声，一只毛色灰亮的小老鼠从草下钻出来。抬头看看不动的我，竟直奔向我脚旁给松鸦准备的玉米棒。

它爬到玉米棒上啃下一粒，叼回到帐篷边，两只前爪抱住玉米粒，坐在那儿毫无惧色地咀嚼着。

我慢慢地从怀中掏出卡片机，把它的吃相拍了下来。

快9点了，我有点饿，估计松鸦也离开了。正准备回家，身后传来脚步声，一听就知道是妻子来了。"天不亮就蹲在这，饿坏了吧。"说着把装有保温饭盒与小暖壶的兜子，从隐蔽棚的门口递了进来。转身回去了。我看着妻子的背影，举机为她留下了那段回忆。送顿饭不算啥，这段路离家不足1000米，又都是平道。可她身体多病，又是癌症晚期，走路上喘啊。现在想起，我的今天，诸事之成功，都离不开妻子的无声支持。谨以此书作为对她的怀念。

吃过饭，身子暖和了很多，又多守了两个多小时，仍然无果。

往家走的途中，想自己在隐蔽棚内静坐受冻6个多小时，还累妻子送饭至此，结果一无所获。不，不是没有收获，它来了，是在互相审视对方的行为，是一种感情投入，是互相信任的过程。

第二天，带上热水瓶、啤酒、饼干、玉米棒（诱饵）。5点30分（天尚黑）已坐在帐篷内，架好相机静候松鸦的到来。

7点多，松鸦来了。毫无声音，毫无征兆，它悄悄地落在我绑的玉米棒上，看看镜头，吃几口玉米，飞往林中去了。

我凭感觉，知道它要到了，贴近目镜观察。稍

松鸦，不许其他较大鸟类停留在巢的附近

纵即逝的瞬间，就这样被我抓拍到了。

有了第一次拍摄经验，后两次，较轻松地拍摄到，松鸦在清晨和傍晚的光线中吃玉米的潇洒动作。

本想再去几次，拍摄松鸦的飞姿。怎奈十一长假已到，好奇的游人，把隐蔽篷踹翻，蒿草踢飞。

松鸦，似鸽子般大的鸟，国内仅此一种，东北

春夏之季以各种昆虫为食

诱饵玉米它爱尝，鸟落身姿美

潇洒劲；啄下玉米粒，衔在嘴尖向空中一甩，吞入喉中。

深秋，它们把吃剩的种子，如玉米、松子、橡子、榛子等叼走藏起来，留到冬天食物少时，找出来吃。请看它的口中，一次能带走五六粒玉米。它们往往是藏得多，找到的少。森林被大雪覆盖时就更难找到了，不过也没关系，这样对种子的传播有益。

冬天大雪封山，食物短缺，它们两三只结伴到处游荡。诗云："枯树寒梢冻欲冰，野鸦翻影若为情。"（《枯木寒鸦（二首其一）》元·王恽）常飞往村庄，想找点人类扔掉的残羹剩饭吃，碰到歹人下的铁夹子，非死即伤。森林越来越少了，松鸦的生存空间越来越小。松鸦食性杂，春夏主要以昆虫喂雏，如松毛虫、金龟甲、天牛、蝽象等，吃的都是林业的害虫。松鸦全身是宝，处处可入药，又是林业益鸟。人类应该善待它们，多采取些保护措施，少下夹子、套索。

有分布，是留鸟。它们勇敢，爱家护崽。不论产卵、孵卵还是育雏期，都不喜欢有较大的鸟类在它家附近停留。像长尾林鸮这么大的猛禽，它们肯定打不过，但是，也不许它在巢的附近休息逗留。我曾观察到两只松鸦，对落在它们巢区的长尾林鸮，轮番从空中冲击、鸣叫、骚扰它，让它不得安宁，迫使它离开。

松鸦应季的适应性很强，秋天食物多，它们挑着吃。吃玉米，要选成熟而不老的吃。老了太硬，啄鸽费事，嫌拉嗓子，嫩了有浆，吃着糊嘴。此时，它们衣食无忧，闲心多，吃玉米的动作也要讲究个

妻子的步履已蹒跚，为我送饭，拍鸟的成绩与她的奉献分不开。谨以此书此图作为悼念

天罡摄影团队部分成员，2010 年赴扎龙拍鹤留影

自左：杨德利 、 周岳峰 、 梁德宪 、 孙建平 、 白晓东 、 赵伟军

致　　谢

隐居深山十数年，辛苦，苦中有乐；撰写拍摄鸟类写真，不易，难中有友。

退休，回归自然的感觉虽然很好，却也离不开朋友们的关爱与支持。

首次进山入村，就是好友开车，为我运送行李及日常生活用品，帮我搬东挪西进户入住。

山村初住，得到邻里的关照，嘘寒问暖，送柴、赠菜。村内多人曾为我提供鸟类繁殖信息，帮我创造拍摄条件。

山中居久，又有好友，担心我谓"苦行僧"，曾专程开车送来整箱的秋林红肠。为了延长保存时间，还进行了单只塑封。想得细腻，爱得实在。

为了拍摄草原与湿地鸟类，曾多次到访大庆、"扎龙"一带，受益于多位鸟友的帮助，得益于"珰奈湿地"。尤其"北极岛"，是我经常入住的拍鸟乐园。

山野中观察、拍摄鸟类，入隐蔽棚内相隔外界，置身于山林旷野，独守孤静，寂寞等待，时间漫长中，远程的微波信息，与我谈诗说景，话拍摄。激我灵感，助我写作、记录，帮我度过那段无音、无助、"无趣"的等待，空旷的守候，迎来今天的成果。

是他（她）们，我的朋友，在精神与物质上支撑着我度过那段难忘的岁月。

十数年的野外生涯，拍摄到一些鲜为人知的北方鸟类生存写真。受到鸟友们的称赞，得到主编的关注，曾在《小雪花》杂志连载 4 个年头。

编撰此书的过程中，也曾得益于一些朋友的帮助与支持。

下面，本人从进村入野，到此书编撰成册，以遇到的"贵人"先后为序，一一列出，一并致谢。

信洪海，小山村的邻居。　　　　　　　韩卫忠，原大庆泰康县副县长。

吴　名，小村邻居。　　　　　　　　　范　利，大庆杜蒙县"北极岛"岛主。

项丽红，齐齐哈尔市，扎龙。　　　　　邢绍辉，"北极岛"岛主夫人。

姜文华，齐齐哈尔市，扎龙。　　　　　苑庆国，原新青年期刊出版总社社长

赵伟军，"天罡摄影团队"影友。　　　杜恒贵，原《小雪花》杂志社主编

孙建平，"天罡摄影团队"影友。　　　张永德：黑龙江画报社原主编

梁德宪，"天罡摄影团队"影友。　　　李　战：原哈尔滨出版社编审

赵宝珊，"天罡摄影团队"影友。　　　王春娜：哈尔滨老年人大学计算机研究会理事